AF355774

EXPÉRIENCES

SUR

LA VACCINATION

DES BÊTES A LAINE,

ET SUR LE CLAVEAU.

RAPPORT D'EXPÉRIENCES

SUR

LA VACCINATION DES BÊTES A LAINE, ET SUR LE CLAVEAU,

Fait à la Société d'Agriculture du Département de Seine et Oise, dans sa séance du 25 Fructidor an 13,

Par M. F. VOISIN, l'un de ses Membres,

Chirurgien de l'Hospice civil de Versailles, de la Société de Médecine de Paris, de l'Athénée des Arts, etc.,

AU NOM D'UNE COMMISSION SPÉCIALE,

Composée de MM. Decauville, Duchesne, Valois, De Cubières l'aîné, Labbé, Caron, Richaud, *Membres;* de MM. Brière et Goulard, *Adjoints;* et du *Rapporteur.*

« Les plus grands Médecins doivent rechercher avec soin la cause
» et le remède d'un mal qui menace de détruire des Animaux
» utiles à toutes les Nations, et principalement à celles qui
» savent employer la laine pour les plus beaux ouvrages. »
                                        DAUBENTON.

A VERSAILLES,

Chez Jacob, Imprimeur de la Société d'Agriculture,
Place d'Armes, n.º 8.

AN 13.═1805.

SOCIÉTÉ D'AGRICULTURE

DE SEINE ET OISE.

RAPPORT

D'EXPÉRIENCES

Sur la Vaccination des Bêtes a Laine, et sur le Claveau,

Par M. VOISIN,

Au nom d'une Commission spéciale.

Séance du 25 Fructidor an 13 (12 Septembre 1805).

Observations préliminaires.

DEPUIS la célèbre découverte du Docteur *Jenner*, et son heureuse influence pour la destruction d'un des plus hideux fléaux qui aient jamais ravagé l'espèce humaine, plusieurs Savans, aussi zélés pour les progrès de leur Art, que pour la prospérité de l'Agriculture, avaient conjecturé que la

Vaccine pourrait préserver les Bêtes à laine des effets funestes du Claveau, comme elle garantit l'Homme de ceux de la petite Vérole. Cette consolante idée devait naturellement les porter à soumettre ces Animaux à la Vaccination et aux contre-épreuves convenables. Quelques essais avaient déjà été tentés en différens endroits ; mais la diversité des faits observés ne permit pas aux Savans qui les entreprirent, d'avoir une opinion concordante sur les effets de la Vaccine appliquée aux Moutons. Les uns contestaient ses avantages ; les autres, au contraire, attribuaient à la Vaccine la propriété de détruire le venin du Claveau.

Vous sentîtes, Messieurs, combien il était pénible de rester dans cette incertitude sur une matière aussi importante au plus utile des Arts.

J'eus l'honneur alors de vous soumettre quelques observations qui vous déterminèrent à proposer en l'an 12, pour sujet d'un prix qui serait décerné en l'an 13, les questions suivantes :

Existe-t-il des rapports et de l'analogie entre la Clavelée des Bêtes à laine, et la petite Vérole humaine ?

Les Moutons ont-ils de l'aptitude à recevoir la Vaccine, et peut-on la transmettre, sans altération, de ces Animaux à l'Homme, à la Vache, etc. ?

Enfin, la Vaccine est-elle susceptible de garantir les Moutons de la Clavelée, comme il paraît certain qu'elle est , pour l'Homme , un préservatif de la petite Vérole ?

Aucun Mémoire n'ayant répondu à l'appel de la Société, elle prit le seul parti qui pût convenir à une réunion d'Hommes véritablement animés du desir de fixer l'opinion, celui d'entreprendre elle-même les expériences qui pouvaient servir à résoudre ces importantes questions.

Je m'étais occupé, depuis la découverte de la Vaccine, d'en étendre les bienfaits; je vous présentai plusieurs Mémoires, particulièrement sur la Vaccination des Bêtes à laine, et vous daignâtes accueillir le plan d'expériences que l'un de ces Mémoires vous offrait. L'exécution en fut confiée, par la Société, à une Commission spéciale nommée dans son sein, dont je m'honore d'être en ce moment l'organe.

Votre Commission comprit comme vous, Messieurs, que le partage d'opinions sur les effets de la Vaccine, relativement aux Bêtes à laine, venait indubitablement de ce que les expériences n'avaient été faites que partiellement et sur un petit nombre d'Animaux ; elle aurait cru ne remplir vos vues qu'imparfaitement, et laisser le problème encore à résoudre, si elle n'eût répété, en grand, les expériences de tout genre, pour parvenir à une solution décisive. Or, plus de cent quarante Bêtes à laine ont été soumises à ses opérations , et quatre mois entiers y furent consacrés.

X.

C'est du résultat de ce grand travail et des observations nombreuses qu'il a fait naître, que votre Commission vient rendre compte à la Société, par mon organe.

Avant d'entrer dans le développement de ces diverses opérations et de leurs produits, aussi variés que nécessaires peut-être à l'instruction, votre Commission doit vous faire connaître toutes les mesures de précaution qu'elle a cru devoir prendre, autant pour faciliter l'exécution du plan d'expériences, que pour leur donner ce caractère d'authenticité qui commande la confiance et imprime le sceau de la certitude aux faits observés.

Pour exécuter une entreprise de ce genre, ce qui exigeait un grand nombre de recherches, votre Commission a dû rencontrer quelquefois dans sa marche des obstacles et des difficultés qui eussent pu enchaîner son activité. Mais, pour les faire disparaître, il nous a suffi d'exposer les circonstances de notre position à M. le Conseiller-d'Etat Préfet de ce Département, qui, par sa double qualité de Membre de cette Société et de Chef suprême de l'Administration, a toujours su nous environner de l'influence de son pouvoir, autant que de celle de ses lumières. Il a bien voulu nous honorer et nous encourager plusieurs fois par sa présence.

La Société n'avait point de Troupeau de Bêtes à laine ; elle avait desiré cependant, et avec raison, que l'expérience eut lieu sur un grand nombre d'Animaux. Je joignis mes efforts à ses vues. Déjà plusieurs Cultivateurs voisins avaient assuré, par des soumissions, une quantité de Moutons qui pouvait suffire aux premières expériences. La Commission fit, sous les auspices de M. le Préfet, une adresse aux Propriétaires, pour solliciter leur zèle. Par cette mesure, un Troupeau d'expériences se trouva bientôt à la disposition de vos Commissaires (1).

La reconnaissance leur fait un devoir de joindre à la suite de ce rapport, les noms des Propriétaires

---

(1.) Ce Troupeau a été placé dans des bâtimens offerts par M. *Voisin* lui-même, dépendans de la maison qu'il habite, et où il avait fait faire des dispositions propres à faciliter les expériences et à assurer l'exactitude des observations. Nous ne perdrons pas cette occasion d'offrir un témoignage de la reconnaissance de la Société, envers M. le Maire de Versailles, qui a bien voulu autoriser, pendant la durée des expériences, le pâturage du Troupeau dans les avenues de cette Ville; envers M. *Meunier*, Inspecteur de la régie des droits réunis, qui a donné toutes les facilités convenables pour l'entrée des Moutons destinés à former ce Troupeau; et envers M. *Thiébault*, Proviseur du Lycée, qui a permis que l'on fit séjourner momentanément, dans quelques parties de bâtimens, et les vastes cours de cet établissement, non encore en activité, le nombre de Moutons qu'il fallut isoler du grand Troupeau, pour les soumettre aux contre-épreuves. (*Note du Secrétaire de la Société.*)

et Cultivateurs qui, dans cette occasion, se sont empressés de servir les Sciences.

La Société y verra avec intérêt ceux de deux Cultivateurs d'un Département voisin, qui voulurent aussi contribuer aux progrès de nos connaissances en ce genre.

Pour remplir l'importante mission dont vous l'aviez chargée, votre Commission crut devoir invoquer toutes les lumières qui pouvaient éclairer sa marche. Organe de vos vœux et de vos sentimens, elle communiqua son projet à toutes les Sociétés savantes de Paris, qui nous prodiguèrent les plus honorables encouragemens. Chacune d'elles choisit des Commissaires pour suivre nos expériences et en constater les effets; les nommer, c'est dire assez tout ce que nous trouvâmes de secours dans leurs talens et leur profond savoir.

Le Comité central de Vaccine confia cette mission à MM. *Mongenot* et *Marin;*

La Société de Médecine, à MM. *Sedillot* et *Emonot;*

Celle d'Agriculture de la Seine, à MM. *Tessier* et *Huzard;*

L'Athénée des Arts, à MM. *Delunel, Le Sage* et *Tatin;*

La Société galvanique, à MM. *Bonnet* et *Delafosse.*

Votre Commission s'applaudit d'avoir eu pour

juges et témoins de ses travaux, M. *Thouret*, Directeur de l'Ecole de Médecine de Paris; M. *Guillotin*, Président du Comité central de Vaccine; M. *Jadelot*, Membre du même Comité; M. *Deschamps*, Chirurgien en chef de l'Hospice de la Charité; M. *Dupuytren*, Chef des travaux anatomiques de l'Ecole de Médecine; MM. *Double* et *Bousquet*, Membres de la Société de Médecine; ainsi que plusieurs Hommes de l'Art de cette Ville (1).

Votre Commission ouvrit, dès l'origine de ses opérations, un registre où elle consigna chaque jour, avec la plus scrupuleuse exactitude, les procès-verbaux de ses expériences; ils furent signés de vos Commissaires et de ceux des Sociétés Savantes que nous venons de nommer; nous ne négligeâmes pas une précaution que le plan avait prévue, qui consistait à faire dessiner et colorier le produit de la Vaccination sur les Moutons dans les diverses périodes de son développement. Notre Collègue, M. *Pernot*, voulut bien se charger de ce soin; son talent garantit l'exactitude des dessins. Ils seront, avec le registre, déposés dans vos archives.

---

(1) Nous nous plaisons à rendre ici justice à l'intelligence de MM. *Noble* et *Victor Voisin*, Candidats à l'Ecole de Médecine de Paris, qui ont suivi avec assiduité nos travaux, et dont le zèle nous a été plus d'une fois utile.

Votre Commission a cru, Messieurs, devoir faire précéder de ces observations le compte que vous attendez d'elle.

Nous allons offrir à la Société, avec toute la précision que peut comporter ce genre de travail, le tableau des Expériences qui ont été faites pour éclaircir les doutes sur une des questions les plus utiles aux progrès de l'Art vétérinaire et de l'Agriculture.

Pour l'ordre et la clarté nécessaires à l'intelligence de ce Rapport, il a été divisé en trois parties:

On développe dans la première tout ce qui a été observé sur la Vaccination des Bêtes à laine formant le Troupeau d'expériences de la Société.

La deuxième partie contient les observations, expériences et résultats qui peuvent augmenter nos connaissances sur la nature du Claveau naturel et inoculé; sur ses rapports et le degré d'analogie qu'il présente avec la petite Vérole.

Dans la troisième, nous rendons compte des contre-épreuves tentées sur les Bêtes vaccinées, exposées à la contagion claveleuse, soit par inoculation, soit par cohabitation, et des résultats de ces contre-épreuves.

Enfin, ce travail est terminé par des considérations générales sur la Vaccine des Moutons, sur l'inoculation du Claveau et les avantages qu'elle peut présenter.

PREMIÈRE PARTIE.

OBSERVATIONS

RELATIVES

à la Vaccination des Bêtes à laine.

IL n'est point dans le caractère de l'Homme de restreindre à un seul objet l'utilité d'une découverte; il cherche sans cesse à l'étendre. Il était naturel et conforme à la saine raison, de rechercher si la Vaccine joint à la vertu anti-variolique celle de garantir les Bêtes à laine du Claveau, puisque l'on avait reconnu dans cette maladie éruptive, quelques rapports avec la petite Vérole. Mais c'était sans doute s'exposer aux plaisanteries des gens frivoles, et nuire peut-être à la propagation d'une découverte aussi utile, que de vouloir l'opposer, comme l'ont fait quelques Personnes, à la Morve des Chevaux, et à la maladie des Chiens, affections qui ne présentent aucune apparence d'analogie avec les maladies varioleuses.

Ce que l'on va dire sur la Vaccination, est le résultat des Expériences qui ont été faites depuis le 27 Germinal jusques vers la fin de Fructidor an 13, sur environ cent soixante Bêtes à laine, tant à Versailles qu'à Jouy et à la ferme de Champagne, commune de Savigny-sur-Orge, chez MM. *Widmer* et *Petit*. Ces Propriétaires zélés ne se sont pas bornés à fournir chacun un contingent de dix Agneaux pour les Expériences, ils ont encore offert de faire vacciner la totalité de leurs Troupeaux.

Le Troupeau soumis aux Expériences de la Société était composé d'Agneaux de l'année, et d'Antenois ; d'Espagnols et de Métis ; de Solognots et de Beaucerons ; de Moutons et de Béliers, de Brebis et d'Agnelles.

Les Vaccinations ont été faites successivement, et par degrés. Cette précaution de graduer le nombre d'animaux, permettait de les bien observer et de mieux constater la marche et le produit de chaque Expérience.

Pour éviter la confusion , conformément à ce qui avait été proposé dans le plan d'Expériences ; après s'être bien assuré que les Bêtes que l'on y soumettait, n'avaient pas eu le Claveau, on les vaccinait, puis on leur passait au col un collier de fil de fer , auquel était attachée une plaque de fer-blanc portant indication d'un numéro.

C'est par suite de cette précaution que l'on a pu ; sans crainte de se tromper , constater tout ce qui s'est passé sur les Animaux , dans les différentes épreuves qui ont été faites sur eux.

En général la Vaccination était suivie d'un heureux succès. Elle a paru sans effet sur environ un dixième des animaux. Elle a été pratiquée sous une température très-variable. Il n'était point rare de voir succéder à une chaleur vive , des nuits froides et des gelées blanches ; de voir les vents d'est et du nord remplacer rapidement des vents du midi et de l'ouest ; souvent ces variations étaient l'effet d'un orage qui amenait du froid et de l'humidité ; aussi on les a vu influer sur la Vaccine des Moutons, comme on a remarqué qu'elles avaient influé sur celle des hommes.

Le Journal de Paris du 3 Prairial an 13 , page 1701 , fait remarquer, d'après la Gazette de santé, de la même époque : « Que *l'insertion* (1) de la » Vaccine s'était montrée plus difficile, et que beau- » coup de Vaccinations n'ont été suivies, à raison de » la température, que d'éruptions imparfaites. »

Les parties non lainées sont celles qui ont été choisies pour l'insertion du Vaccin. La face interne

---

(1) Nous présumons qu'au lieu de *l'insertion*, le rédacteur du Journal a voulu dire *l'invasion*.

des cuisses, les grassets, le ventre, les mamelons, le prépuce, les aisselles ont paru mériter la préférence.

Sur les Bêtes espagnoles et les Métis des deuxième, troisième et quatrième générations, la peau des aisselles est nette, dépourvue de laine, moins chargée de suint; aussi on a vu la Vaccine s'y développer avec succès.

Il n'en est pas de même de quelques autres parties, telles que le sternum et les joues, qui ont été désignées à cet effet par des personnes qui se sont occupées de la Vaccination des Bêtes à laine. On sait que les Moutons se couchent et s'appuyent sur le sternum que nous avons trouvé presque toujours lainé et calleux; puis on a remarqué qu'en fourrageant, ils frottent leurs joues contre les brins de regain, de paille, et contre les rouleaux des râteliers, et empêchent ainsi le développement vaccinal.

La texture de la peau du prépuce, sur ces animaux, nous a paru se rapprocher un peu de celle de l'Homme; aussi a-t-on vu le bouton vaccin y acquérir, non le volume, mais au moins une forme qui se rapprochait de celle de la Vaccine humaine.

On ne s'est point borné à vacciner par une seule méthode, quoique celle des piqûres, qui réussit bien sur les Bêtes à laine, ait été le plus généralement employée. On n'a point négligé d'essayer celle que M. *Godine* appelle *par excision*. On a reconnu que ces diverses manières d'insérer le Vaccin produisent toutes un travail vaccinal qui ne diffère que légèrement et par la forme ; mais elles ne lui donnent point plus d'énergie. On a observé que la pustule qui résulte de la méthode des piqûres, est celle qui se rapproche le plus du Cowpox et de la Vaccine humaine, et qui, au cinquième jour de l'insertion, paraît présenter plus de facilité pour obtenir la matière vaccinale.

On a généralement remarqué qu'il suffit, chez les Moutons comme sur l'espèce humaine, de soulever l'épiderme, de déposer le fluide vaccin dont la lancette est chargée, sur le corps muqueux, entre l'épiderme et le derme, sans percer ce dernier. Il nous a été facile de nous assurer que plus on pique profondément, plus on cause d'effusion de sang, et moins on obtient de succès.

Après avoir reconnu que la Vaccine ovine est très-inférieure en énergie au Cowpox et à la Vaccine humaine, on a cherché à y suppléer en multipliant les piqûres et en les rapprochant de manière à produire une forte irritation, pour développer une plaque inflammatoire qui pût se rapprocher de celle que la Vaccine produit sur l'Homme, du huit au onzième jour de l'insertion. Malgré cette précaution, la Vaccine s'est montrée très-faible sur les Moutons ; et lorsque, par cette pratique, on obtenait plus de boutons vaccins, on remarquait qu'ils étaient plus petits.

En admettant la possibilité d'opposer avec succès la Vaccine des Moutons à la Clavelée, il paraissait nécessaire de chercher à rendre la Vaccination de ces animaux familière aux Propriétaires de Troupeaux et aux Bergers, afin que la pratique pût en devenir plus générale; il fallait donc essayer de trouver un moyen facile qui n'exigeât pas l'usage d'instrumens délicats, et qui pût donner à cette affection cutanée plus d'énergie que celle qu'elle reçoit des méthodes en usage.

Après avoir réfléchi que les Bêtes à laine sont peu sensibles et irritables; que c'est dans la texture de la peau que la Vaccine se développe; que, peut-être, en irritant une plus grande étendue de peau, en mettant à nu une plus grande quantité de papilles nerveuses, en fournissant aux vaisseaux une plus grande masse de matière vaccinale à absorber, il serait possible d'obtenir un travail assez considérable pour que le Vaccin agisse sur l'organisation générale et détruise plus sûrement, sur ces animaux, l'aptitude à contracter la Clavelée. On a donc imaginé d'excorier la peau avec l'ongle, dans l'étendue d'environ six lignes; de cette manière l'épiderme se trouvait détruit, et le corps muqueux et le derme à découvert; on chargeait ensuite, à différentes reprises, cette petite plaie, de Vaccin, soit avec la lancette, un cure-dent, une aiguille d'acier ou d'ivoire ; on multipliait les petites plaies jusqu'au nombre de six, huit et dix, tant sur le ventre qu'aux aisselles, sur le même animal. C'est cette nouvelle méthode de vacciner les Moutons, qui fut nommée *par excoriation*.

Ordinairement elle est suivie, dès le deuxième jour, d'une inflammation avec léger gonflement dans toute l'étendue de l'excoriation ; du quatrième au cinquième, elle forme une espèce de pustule d'un rouge brunâtre, qui excède le niveau de la peau d'environ deux millimètres, dont les bords sont un peu crystallins et légèrement renflés, avec une aréole qui s'en éloigne peu, mais assez vive de rougeur ; dès la fin du cinquième jour, tout ce gonflement commence à dégénérer en une croûte qui devient plus ou moins dense, et sous laquelle on trouve encore un peu de matière puriforme du septième au huitième jour ; la croûte se détache plus tôt ou plus tard, comme celle des piqûres, mais avec cette différence que la cicatrice qui succède aux piqûres est peu sensible à la vue, tandis que celle qui résulte des excoriations, présente une empreinte durable et qui conserve la forme de l'excoriation.

Nous en avons vu un exemple sur le Mouton portant le N.º 67, soumis à la Clavelisation six semaines après avoir été vacciné par excoriation. **Les cicatrices** alors étaient encore très-apparentes et représentaient la forme ronde des unes et cruciale des autres.

Des Moutons vaccinés par excoriation l'ont été ensuite par la méthode des piqûres, sans qu'il ait été possible d'obtenir un second travail. D'autres qui avaient été vaccinés avec succès, par piqûres, le furent après par excoriations qui se séchèrent sans développement.

D'après le grand nombre de Bêtes à laine qui ont été soumises à la Vaccination, il a été facile de remarquer qu'elle prend plus difficilement sur les Agneaux que sur les Antenois ; qu'elle se développe plus lentement sur les premiers ; qu'il est très-difficile de la transmettre de Mouton à Mouton ; que sur celui qui la reçoit, le développement est encore plus faible et plus lent qu'il ne l'a été sur celui qui la donne ; tandis que la transmission de la Vaccine du Mouton sur l'Homme s'opère aisément et reprend sur lui le degré d'énergie inflammatoire qu'il eût été bien à desirer de lui voir développer sur ces animaux.

Malgré la faiblesse et l'imperfection du développement de la Vaccine sur les Moutons, on ne peut douter cependant qu'elle n'y conserve son caractère *sui generis*. Des piqûres faites sans levain contagieux ne produisent rien. Une inoculation pratiquée sur

un Mouton, avec la matière d'un furoncle (1),
n'a donné lieu, sur les piqûres, qu'à une légère
efflorescence qui s'est promptement éteinte. On a
pu voir qu'il n'en est pas ainsi du produit de la
Vaccination sur ces animaux ; le développement
pustulaire s'y fait plus ou moins régulièrement; du
deuxième jour au huitième on y observe la dé-
pression centrale, et on a pu remarquer, sur le
grand nombre des Bêtes qui ont *été* vaccinées, que
la matière vaccinale passe, ainsi que sur l'Homme,
par trois degrés de consistance : d'abord elle est
transparente et gommeuse jusqu'au cinquième jour
de l'insertion; puis, puriforme; ensuite, concrète.
Par cette nouvelle observation, j'ai reconnu que
j'avais *été* induit en erreur, en annonçant dans mon
Mémoire sur la Vaccination des Bêtes à laine, que
la matière vaccinale ne présentait que deux degrés
de consistance ; je n'avais alors observé la Vaccine,
dont je donne la description dans ce premier mémoire, que sur quelques Moutons; tandis que nos observations nouvelles ont été faites sur un nombre
de cent soixante. Mais la remarque déjà faite, de la
faiblesse et de la rapidité de la période inflammatoire,
a été malheureusement confirmée; de sorte que
l'on peut dire des Moutons, qu'ils reçoivent bien
la Vaccine, mais que cette Vaccine est trop impar-

---

(1) Procès-verbal du 23 thermidor an 13.

2

faite et trop faible pour agir sur le systême général de l'organisation de ces Animaux. La légère inflammation qu'elle cause, est même très-inférieure à celle que produit sur l'Homme, la fausse Vaccine ; aussi ne doit-on pas la confondre avec elle.

On a vu la Vaccine des Moutons transmise à la Vache et à l'Homme, donner à l'une le Cowpox, et à l'autre la vraie Vaccine préservative ; et tous les Inoculateurs savent que la fausse Vaccine humaine peut donner la fausse Vaccine, mais qu'elle n'a jamais fait naître la vraie.

Ainsi que sur l'Homme, la Vaccine présente des anomalies sur les moutons. On a vu sur quelques sujets la période d'inertie se prolonger au-delà du terme ordinaire ; puis, les piqûres s'animer. Sur d'autres, des signes d'invasion se sont montrés, ensuite ils ont paru s'éteindre pour se réveiller quelques jours après. Sur plusieurs, elle a été sans effet et regardée comme nulle. Sur quelques Moutons le produit de la Vaccination a été faible ; sur d'autres plus fort.

Les Bêtes sur lesquelles la Vaccination a présenté des irrégularités, des doutes, ont été notées comme telles. Plusieurs ont été soumises à de nouvelles Vaccinations ; quelques-unes ont été réservées pour être exposées aussi aux contre-épreuves, afin de s'assurer jusqu'à quel degré il fallait qu'elles eussent la Vaccine pour qu'elles pussent être garanties du Claveau.

Ou la seconde Vaccination ne prenait point, ou elle ne donnait que quelques signes d'invasion qui n'avaient point de suites. Quelques Bêtes, mais en très-petit nombre, furent vaccinées jusqu'a trois fois, sans qu'il ait été possible d'obtenir sur elles de développement.

On obtenait assez facilement le peu de matière vaccinale que contenait le bouton vaccin du Mouton au cinquième jour de l'insertion, en évitant d'en percer le sommet; pour y parvenir il suffisait, avec la pointe de la lancette ou d'une grosse aiguille à coudre, de renverser doucement la petite croûte qui s'y trouve, et qui ordinairement est déprimée; en attendant un peu, on voyait paraître une ou deux gouttes de matière transparente et visqueuse, avec laquelle on pouvait transmettre le cowpox à la Vache, et la Vaccine à l'Homme et aux Moutons.

A l'époque de la période inflammatoire de la Vaccine des Bêtes à laine, ces animaux ont paru donner quelques légers signes de sensibilité quand on pressait les boutons vaccins; mais cet état d'irritation, marqué chez l'Homme par des signes plus ou moins prononcés d'affection générale, n'était que local sur les Moutons. Leur gaîté, leur agilité, leur appétit, leur sommeil, n'ont paru nullement altérés. Le développement de ce travail n'a pas même produit sur eux cette démangeaison incommode que cause la Vaccine à l'Homme.

Cependant ce faible produit de la Vaccination sur les Moutons, reporté sur l'Homme et sur la Vache, reprend sur eux le haut degré de développement qu'on lui connaît, et n'est point dépouillé par cette transmission de la vertu préservative de la petite vérole. Les procès-verbaux des 2, 5, 7 et 12 prairial constatent que la contre-épreuve variolique pratiquée sur trois Enfans vaccinés aux dépens de la Vaccine développée sur des Moutons, et au cinquième jour de l'insertion, n'a pu leur donner la petite vérole. Cette expérience avait déjà été faite à Nancy par le docteur *Valentin* quelque temps auparavant, et elle fut suivie du même résultat.

Sur aucune des Bêtes à laine soumises par nous à la Vaccination, l'espèce de pustule que M. *Godine* appelle *la fausse Vaccine des Moutons*, ne s'est présentée.

En général, ou la Vaccination produisait un effet régulier ou irrégulier, et plus ou moins rapide, ou bien elle n'en produisait point du tout; dans ce dernier cas, on notait l'animal comme vacciné sans succès; dans les cas où elle se développait régulièrement, on le notait comme vacciné avec succès; et les cas de développement trop rapide ou trop irrégulier, étaient inscrits comme douteux.

Des animaux notés de ces différentes manières ont été exposés aux contre-épreuves claveleuses, et on

verra par les détails dans lesquels nous allons entrer, si elles ont apporté des différences dans leurs
résultats.

Non plus que sur l'Homme, l'irrégularité dans le
développement ne prouvait point un faux travail ;
car, sur le Mouton portant le n.º 14, le produit de
la Vaccination, après s'être manifesté par des signes
d'invasion, est resté un jour entier sans faire de progrès ; il s'est développé ensuite et a fourni suffisam-
ment de matière pour donner la Vaccine à un Enfant.

DEUXIÈME PARTIE.

NOTIONS

HISTORIQUES ET PRATIQUES

SUR LE CLAVEAU,

Et sur l'espèce d'analogie qui peut exister entre cette Maladie et la Petite-Vérole.

On a été conduit, par analogie, à concevoir la possibilité d'opposer, avec succès, le préservatif de la petite Vérole à la Clavelée.

Cette analogie entre le Claveau et la Variole humaine, était depuis long-temps soupçonnée ; elle paraît reconnue par *Gilbert* et ses savans Coopérateurs, dans l'excellente instruction sur le Claveau, publiée par le Gouvernement.

Un Professeur de médecine vétérinaire de l'école d'Alfort a fait plus : d'après une expérience dont nous parlerons dans un instant, il s'est cru fondé à regarder ces deux maladies comme absolument identiques.

Leur ressemblance est tellement reconnue dans les pays où les Troupeaux de Bêtes à laine forment une des branches principales de la richesse nationale, qu'en Espagne on a donné au Claveau le nom de *Viruela*, et que, dans plusieurs régions de la France, on la nomme Variole, Verolin, Verette, Variolin, etc. (1).

Enfin cette ressemblance a frappé des Médecins au point qu'ils en ont proposé et essayé l'inoculation (2); que quelques-uns, ainsi que des Vétérinaires, ont tenté de donner le Claveau aux Moutons, en les inoculant avec de la matière variolique, et de faire naître la petite Vérole, en inoculant le Virus claveleux, etc. (3)

———————————————————

(1) Le Docteur *Guillotin* nous a assuré que, dans les provinces méridionales de France, on désigne également par le nom de *Picotte*, la petite Vérole et la Clavelée.

(2) Notamment MM. *Tessier*, de l'Institut ; *Venel* et *Chrétien*, à Montpellier.

(3) M. *Edouard Harrisson*, Membre de la Société Royale de Londres, dans un ouvrage ayant pour titre : *An inquiry into the rot in sheep and other animals*, etc., London, 1804, donne, page 24, des détails qui semblent annoncer qu'en Angleterre on confond la pourriture, autre maladie des Moutons, avec le Claveau. Quant à lui, il regarde cette dernière maladie comme ayant une forte ressemblance avec la petite Vérole ; il cite *Sir Jos. Banks*, « qui, dit-il, a

L'Histoire ne fournit point autant de lumières sur le Claveau que sur la petite Vérole. *Rabelais* et *Joubert* sont les premiers Auteurs qui en parlent, et cependant il paraîtrait assez vraisemblable que ces deux maladies viennent de la même source.

D'après les recherches savantes du Docteur *Paulet*, sur les maladies contagieuses, on ne peut douter que quelques-unes de ces maladies passent des Hommes aux Animaux, *et vice versâ*.

L'opinion du Docteur *Decarro*, célèbre Médecin de Vienne en Autriche, qui a si bien servi l'importante découverte de *Jenner*, vient à l'appui de cette assertion. Dans une lettre à M. *Ch. Pictet*, Rédacteur de la Bibliothèque britannique, n.° 226, pag. 82, en parlant de la théorie du Docteur *Jenner*, sur l'origine de la Vaccine, confirmée par les expériences des Docteurs *Loy*, en Angleterre; *Sacco*, en Italie; *Lafont*, en Macédoine; et par les siennes, il ajoute :

» prouvé avec force combien il serait dangereux pour l'Angleterre de s'exposer à introduire le Claveau dans cette île, » par l'importation des Moutons espagnols et portugais. » M. *Harrisson* ajoute, page 25 de son ouvrage : « Si jamais le » Claveau paraissait dans notre île, il faudrait sur-le-champ » et sans balancer, tuer les Moutons infectés. »

On voit par-là que l'Angleterre est assez heureuse pour avoir vu jusqu'à ce jour ses Troupeaux à l'abri de la Clavelée.

« Appuyé de ces faits, j'ai hasardé une hypothèse
» sur l'origine de la petite Vérole que je suppose
» être une matière *équine*, dégénérée en Arabie,
» suivant des circonstances particulières au climat
» de ce pays et à l'espèce de société dans laquelle
» les Nations nomades vivent avec leurs Chevaux. »

Or, si des Hommes aussi recommandables en
Médecine, pensent que la petite Vérole et la Vaccine peuvent avoir eu leur source dans une maladie
des Chevaux; ne serait-on pas fondé à dire que
cette contagion aura pu passer avec encore plus de
facilité, des Chevaux aux Moutons? Des expériences
suivies sur ce dernier point, pourraient peut-être
dissiper l'obscurité qui environne l'histoire des Maladies contagieuses.

Celle des maladies épizootiques est encore plus
dans les ténèbres que les épidémies contagieuses de
l'espèce humaine.

Jusqu'au dix-huitième siècle, on ne découvre que
de faibles lumières sur ce sujet. On n'en sera point
étonné, si l'on fait attention que l'art vétérinaire
peut être considéré comme un art nouveau qui n'est
bien cultivé que depuis très-peu de temps par des
Savans distingués.

Aussi, tout ce que l'antiquité nous apprend de
positif relativement à l'origine des maladies épizoo-

tiques et contagieuses, se borne à-peu-près à savoir
que celles qui désolèrent la Grèce, venaient de
l'Egypte; et comme ce berceau de nos connaissances
paraît généralement reconnu pour le sol natal de la
petite Vérole, il est assez vraisemblable que la Clavelée vient de la même source, et qu'elle s'est répandue en Europe de la même manière. La petite
Vérole a trouvé, dans les médecins Arabes, des
observateurs instruits, qui l'ont parfaitement fait
connaître; tandis que la Clavelée a manqué de vétérinaires éclairés pour l'observer et la décrire.

L'observation faite par *Pline* en Italie, que les
maladies contagieuses des hommes et des animaux
étaient constamment venues du côté de l'Orient,
semble confirmée par les recherches du docteur
Paulet, qui prouvent que c'est de la Hongrie que se
sont répandues dans les autres parties de l'Europe,
les épizooties les plus désastreuses.

Les bornes d'un rapport ne permettent point de
s'étendre davantage sur des détails historiques. Ils
paraissent d'ailleurs moins propres à démontrer
l'analogie qui peut exister entre la Clavelée et la
variole, que les faits et les observations recueillis
par les modernes, et les résultats d'expériences
suivies sur cet objet.

Plus on examine la marche et les développemens
de ces deux maladies, plus on est frappé des rapports

qui existent entr'elles. C'était sur cette ressemblance que se fondait l'espoir de voir la Vaccine triompher aussi de la Clavelée, quand il fut reconnu que la première se développait sur les Bêtes à laine.

En effet, ces maladies commencent, se développent, se terminent et se propagent à-peu-près de la même manière.

Que l'on compare ce qui se passe dans une famille atteinte de la petite Vérole, et dans un troupeau infecté du Claveau : c'est ordinairement quand les premiers attaqués de ces maladies, entrent en convalescence, et lorsque la desquamation s'opère, que les autres tombent malades. C'est du deuxième au quatrième jour de l'insertion variolique ou claveleuse, que le travail pustulaire des piqûres commence; mais on remarque cette différence entre la Variole et la Clavelée inoculées; c'est que la première donne lieu à un développement primitif qui est quelquefois suivi d'une légère ulcération dans l'endroit de l'insertion; au lieu que nous avons vu la seconde prendre rapidement un accroissement qui lui donne souvent une forme qui se rapproche de celle d'un anthrax, ou d'une pustule putride et gangréneuse.

On ne doute point que si les premières tentatives faites en Angleterre de l'inoculation varioleuse, eussent été suivies d'un travail local aussi étonnant, ses antagonistes seraient aisément parvenus à la faire proscrire. Comment conçoit-on d'après cela que des personnes aient osé proposer de substituer pour l'Homme l'inoculation du Claveau à celle de la petite Vérole et de la Vaccine, comme un moyen plus doux et plus sûr?

Le développement de la maladie se fait aussi à-peu-près de la même manière dans le Claveau et la petite Vérole naturelle. Les symptômes qui caractérisent l'invasion, mais qui sont plus faibles chez les Moutons, en raison de leur peu de sensibilité, durent de trois à quatre jours. L'éruption met environ autant de temps à se faire : on remarque seulement dans le développement pustulaire, quelques différences aux époques de la suppuration et de la dessication.

Ces deux maladies se terminent également par dessication et desquamation.

Elles se propagent de même sur les Hommes, au moyen des matelas, des habits, des couvertures, etc.; et chez les Bêtes à laine, au moyen des pâtures, du fumier, des chiens et des flocons de laine qui tombent, à la fin de la maladie, chargés des émanations et des poussières que fournissent les pustules desséchées, et qui portent l'infection aux autres animaux par la voie de la respiration. C'est pour cette raison qu'on peut expliquer comment des cantons entiers ont été garantis des ravages d'une épizootie claveleuse par l'entier isolement des Troupeaux infectés, ou même en immolant à la sûreté des autres les premières Bêtes prises de la maladie.

C'est d'après l'extermination de toutes les Bêtes attaquées d'une maladie très - contagieuse, au moment de l'invasion, que l'Angleterre s'en est délivrée, tandis que les Troupeaux des peuples de la Hollande et de l'Allemagne, qui n'imitèrent point ce vigoureux et terrible exemple, en furent dévastés.

Rien n'est plus propre à convaincre que ce n'est point par les voies digestives, comme quelques auteurs le prétendent, mais bien par celles de la respiration, que les maladies contagieuses et éruptives se propagent et se communiquent, que le fait suivant, rapporté par *Didier*, Médecin de Marseille:
« Les Chiens qui avalaient le pus qui sortait des bu-
» bons, et les glandes pourries et pestiférées qu'on
» jetait après l'extirpation, n'étaient pas attaqués de
» la peste, tandis qu'ils la gagnaient d'une autre
» manière. »

Nous avons observé que les Moutons vaccinés, ou non vaccinés, qui ont pris le Claveau naturellement, n'en furent atteints qu'après environ un mois de cohabitation avec les Bêtes infectées, et lorsque celles-ci étaient en pleine desquamation ; les croûtes alors, parfaitement desséchées et réduites en écailles et en poussière, se répandaient dans l'air ; la laine, bien chargée de ces molécules desséchées, se détachait et était répandue par flocons sur l'herbe, les chardons, le fumier,, et devenait des moyens d'infection pour les autres Animaux. On sait que l'organe de l'odorat chez eux sert plus à transmettre l'air aux poumons que la bouche qu'ils emploient plus souvent à paître ou à ruminer : aussi on avait pensé que c'était parce que cet organe était le premier affecté, qu'il s'établissait un flux nazal ; mais nous avons reconnu bientôt que ce flux s'observe également sur les inoculés, et qu'il n'est même point un symptôme constant de l'infection claveleuse.

On distingue dans la Clavelée comme dans la Variole, deux espèces de fièvre, celle d'invasion et celle de suppuration ou maturatoire.

La première précède l'éruption, n'en est pas toujours suivie, et suffit pour garantir l'individu de la récidive. Sur quatre Agneaux de M. *Bourgeois*, non vaccinés, exposés le 27 prairial à la contagion, par cohabitation seulement, trois eurent un peu de fièvre, de l'oppression, jetèrent par le nez, eurent les yeux rouges et chassieux, et n'eurent point d'éruption, quoiqu'ils eussent été mêlés, pendant plus de quatre mois, avec les autres Bêtes infectées naturellement, ou par inoculation.

La seconde n'est que l'effet de l'éruption, elle est

proportionnée à sa nature discrète ou confluente. Les recherches savantes du Docteur *Mongenot* ne laissent point de doute sur cette théorie (1).

On sait que dans la petite Vérole très-bénigne et très-discrète, la fièvre se manifeste d'une manière si légère, qu'elle n'oblige pas les enfans des indigens à s'aliter, ni d'abandonner leurs jeux ; nous avons vu le Claveau présenter à-peu-près la même bénignité. Le quatrième Agneau de M. *Bourgeois*, non vacciné, et le n.° 4 vacciné, exposés par cohabitation, eurent une éruption claveleuse si bénigne, que, sans l'éruption d'une douzaine de pustules sur le vacciné, et de deux seulement, mais plus larges sur le non vacciné, on ne se serait point apperçu qu'ils en étaient atteints.

Ces deux maladies s'inoculent également, et avec succès, de la même manière. Le produit de chaque inoculation porte l'infection dans les humeurs, et le désordre dans l'organisation générale ; la matière extraite des pustules varioliques produites par l'inoculation, donne la petite Vérole. Il en est de même de la Clavelée. Le procès-verbal du 10 messidor constate qu'avec la matière extraite du Mouton portant le n.° 7, qui avait été clavelisé le 27 prairial, on a inoculé deux autres Moutons avec succès ; et

____

(1) Voyez son ouvrage ayant pour titre : *De la Vaccine, considérée comme antidote de la petite Vérole.* Paris, an 11.

qu'indépendamment du travail local, l'un des deux eut une éruption discrète, mais ayant bien le caractère de la Clavelée.

L'inoculation des deux virus chez l'espèce humaine et ovine, se borne, sur la majeure partie des individus que l'on y soumet, à produire une Variole locale, ou bénigne et discrète, et une Clavelée de même nature. Il arrive rarement que cette opération, sur les deux espèces, donne lieu à la petite Vérole, et à la Clavelée confluente et maligne (1).

Ces deux maladies, quand elles se développent fortement, présentent des symptômes éminemment inflammatoires; on les combat également avec succès par les saignées, les antiphlogistiques, l'air frais, etc. La méthode échauffante et cordiale, et la précaution de tenir les individus étroitement enfermés, leur sont également funestes.

On ne découvre point tout-à-fait autant d'analogie dans la nature essentielle de ces deux maladies, que dans leur marche, soit que l'on considère et que l'on

______

(1) Cette assertion est fondée non-seulement sur les résultats des inoculations claveleuses pratiquées sur les Moutons du Troupeau d'expériences de la Société; mais encore sur ceux obtenus par le professeur *Pessina*, en Hongrie, et M. *Calignon*, à Dijon, dont on parlera dans la troisième partie de ce rapport, etc.

compare la petite Vérole naturelle avec la Clavelée naturelle, soit que l'on compare ces deux maladies comme le résultat de l'inoculation. On a déjà remarqué que l'inoculation du Claveau donne lieu à des développemens locaux très-considérables, tandis que le travail primitif de l'inoculation varioleuse est rarement suivi d'une ulcération dans le point de l'insertion; encore a-t-on remarqué que cet accident n'arrivait guères qu'aux inoculés par la méthode des fils et des incisions. Les pustules varioleuses se développent dans la texture de la peau; celles de la Clavelée s'étendent jusque dans le tissu cellulaire subcutané. Le pus variolique ordinairement forme collection dans une seule capsule, qui soulève l'épiderme; la matière claveleuse ne paraît point rassemblée dans les deux premiers degrés de son développement, sous une capsule unique, elle paraît disséminée dans la texture du point des tégumens dans lequel se fait le développement pustulaire; c'est quand l'excès de l'engorgement, de l'inflammation, ou la causticité du virus sont parvenus à détruire l'organisation de cette texture, qu'il y a collection, et le pus à cette époque a présenté la forme floconneuse et d'escarre, qui caractérise le pus des anthrax. Dans la petite Vérole, tant naturelle qu'inoculée, la matière variolique commence par être limpide, elle devient successivement louche, puriforme, et prend ensuite la consistance d'un pus blanc, jau-

nâtre, épais, qui devient ensuite concret et forme
la croûte jaune d'abord, brunâtre ensuite, puis noi-
râtre, qui par sa chûte laisse une empreinte plus
ou moins marquée sur la surface du derme. Dans les
pustules claveleuses qui résultent de l'inoculation, on
a presque toujours vu la surface des pustules, avant
qu'il y ait signe de collection de pus, dégénérer en
escarre, ou former une espèce de croûte cornée, épaisse
et dure, sous laquelle le pus s'amassait. Quand l'escarre ou les croûtes se détachaient des chairs vives par
leurs bords, on voyait alors la matière la plus fluide
sortir, sur-tout quand on pressait avec le doigt le
centre de ces escarres ou de ces croûtes; et quand elles
se détachaient entièrement, on voyait en dessous, et
adhérente à leur face interne, une portion floccon-
neuse et désorganisée, qui semblait formée des
débris de la portion de texture de la peau, et du
tissu subcutané qui y répondait : il résultait de la
chûte de ces escarres et de ces croûtes, un ulcère
profond, qui, lorsqu'il était détergé, laissait à nu
les parties auxquelles il correspondait. C'est ainsi
que sur un Bélier vacciné d'abord avec succès, et
inoculé ensuite du Claveau au scrotum, la chûte de
l'escarre fort large qui se forma sur le développement pustulaire de l'une des piqûres, laissa un
testicule à découvert pendant plus de douze jours.

Une seule pustule de petite Vérole naturelle ou
inoculée, dégénère rarement en un ulcère qui ronge

la totalité de la peau , et laisse après cèla une cicatrice difforme : presque toutes les cicatrices de cette espèce, qui résultent de la Variole humaine, sont la suite de plusieurs pustules réunies, qui, après avoir formé dans ce point de réunion une espèce de tumeur phlegmoneuse , détruit la texture de la peau et laisse une cicatrice irrégulière.

Nous avons vu ce résultat difforme succéder souvent à une seule pustule claveleuse.

La rougeur aréolaire qui environne les pustules varioliques d'un bon caractère , présente toujours une couleur rosacée ; celles des pustules claveleuses qui résultent de l'inoculation, offrent une aréole, une plaque inflammatoire plus ou moins étendue, mais presque toujours d'un rouge coquelicot.

Dans la petite Vérole inoculée, plus le travail local ou primitif se prononce, plus l'infection générale qui lui succède est marquée du sept au dixième jour de l'insertion. Le Docteur *Valentin*, dans le Traité historique et pratique de l'Inoculation, pag. 200, rapporte comme un fait dont il ne connaît point d'exemple , l'inoculation de la jeune *Locmaria*, de Nancy, qui, sans travail local et primitif , ni symptômes précurseurs de l'infection générale, fut prise , vers le huitième jour de l'insertion, dont il ne restait point de traces, de la fièvre d'invasion ou varioleuse, qui fut suivie le troisième jour d'une éruption très-belle et très-discrète.

Dans le Claveau inoculé, plus le travail local est prononcé, moins il se fait d'éruption générale; s'il s'en fait une, le travail local diminue plus ou moins, en proportion de la nature confluente ou discrète de l'éruption claveleuse. Votre Commission en a vu un exemple frappant sur le Mouton portant le n.º 28, qui faisait partie des douze non-vaccinés, et qui avaient été inoculés du Claveau le 26 prairial. A mesure que l'éruption générale et confluente se faisait, le travail local diminuait en proportion, et il était réduit presqu'à zéro, quand cet Animal mourut.

Cet exposé rapide et comparatif des deux Maladies paraîtra peut-être suffisant pour faire sentir les différences qui existent entre elles. Il est possible qu'elles aient la même origine; il est certain qu'elles présentent de l'analogie dans leur marche respective; mais le rapprochement et le parallèle des principaux symptômes qui les caractérisent, ne semblent-ils pas autoriser à penser qu'elles diffèrent dans leur nature essentielle?

On sait que les maladies contagieuses qui passent d'une espèce à l'autre, changent de forme, n'offrent pas toujours les mêmes symptômes, quoique le principe en soit le même. (1)

____

(1) *Maladies épizootiques*, tome Ier, page 96.

Il est naturel de penser que le même virus, intro-
duit dans les humeurs d'Animaux d'espèces différentes, doit subir, dans chaque espèce, une modification qui le rend en quelque sorte propre et
particulier à chacune d'elles ; et si la Clavelée des
Moutons est l'espèce varioleuse dont les Bêtes à
laine sont susceptibles, elle a dû prendre, sur
ces Animaux, un caractère particulier, conforme à
leur organisation et à la nature de leurs humeurs,
qui ne peut plus avoir d'affinité qu'avec ces Animaux
seulement.

Ce n'est que deux mois après la guérison de la
petite Vérole, que les miasmes contagieux paraissent
éteints. *Van Swieten* (1) rapporte que dans le Collége
de Marie - Thérèse , maison d'éducation près de
Vienne, où l'on séquestrait les jeunes Gens atteints
de la petite Vérole, et où l'on était fort intéressé à
abréger la durée du sequestre , on avait observé
qu'il fallait le prolonger au moins soixante jours ,
pour que les Convalescens pussent communiquer
avec les autres enfans, sans danger pour eux.

On a fait à-peu-près la même observation sur
le Troupeau d'expériences de la Société. Quatre-
vingt-quatre Bêtes de ce Troupeau, qui venaient

---

(1) *Vide Van Swieten*, Comment. *In H. Boerrhav.* Apho-
rism. 1403. Tom. V, pag. 150.

d'avoir le Claveau naturel ou inoculé, furent conduites à la ferme de la Bouillie, chez M. *Malus*, qui eut la complaisance de permettre que ces Bêtes habitassent avec son Troupeau qui, à l'exception de quelques-uns, était composé de Moutons qui avaient eu anciennement la Clavelée. Tous ces Animaux couchaient en plein-champ; ils avaient été fréquemment lavés par des pluies d'orage; cependant après plus de deux mois de convalescence, on s'apperçut que quelques Bêtes non clavelées du Troupeau de M. *Malus*, étaient atteintes de la contagion.

Cette nouvelle marque d'analogie entre la Variole et la Clavelée, porta à examiner attentivement les cicatrices des pustules naturelles et artificielles des Moutons du Troupeau d'expériences, et on a reconnu que de petites pellicules très-minces s'en détachaient encore, et que l'air pouvait les porter dans les voies de la respiration.

Sur une matière aussi peu connue encore que la vaccination et la clavelisation des Moutons, il était nécessaire de marcher pas à pas, de multiplier les essais, de partir d'un point connu, pour aller à celui qui ne l'était point encore. On ne s'est pas borné à exécuter les expériences proposées dans le plan; on en a ajouté de nouvelles, et votre Commission a cherché à les varier, afin de se procurer plusieurs points de comparaison , et des résultats qui pussent donner des lumières sur différentes questions ; par exemple : on connait les effets de l'incompatibilité de la Vaccine et de la petite Vérole sur l'Homme ; on sait que lorsque l'une de ces deux infections s'est complettement développée sur un individu, et qu'elle y a parcouru toutes les périodes qui la caractérisent, elle le met à l'abri de l'autre ; que cependant elles peuvent aussi se développer simultanément sur lui.

* On a pensé qu'il serait utile de s'assurer si les mêmes effets se manifesteraient de la même manière sur les Bêtes à laine. Pour parvenir à ce but, on a d'abord soumis à la Vaccination deux Antenois qui avaient eu le Claveau l'année précédente, avec une telle force, que l'un d'eux avait perdu un œil, que leurs paupières, les joues, les oreilles, les lèvres étaient évidemment criblées de cicatrices difformes. Cette première Vaccination ayant été sans succès, elle fut répétée successivement deux autres fois ; et malgré qu'on ait eu la précaution de multiplier les piqûres, de les bien charger de vaccin, elles ne donnèrent lieu à aucun développement vaccinal. Une fois seulement, deux piqûres, sur l'une de ces Bêtes, parurent s'animer et rougir le deuxième jour de l'insertion, et dès le lendemain cette faible lueur de travail était éteinte. Ces faits ont été constatés

par procès-verbaux les 16, 21 et 27 floréal, 2, 12 et 19 prairial (1).

Les procès-verbaux des 7, 11 et 16 thermidor constatent que la Vaccine et le Claveau inoculés se sont développés simultanément sur un Antenois qui avait été soumis d'abord à la Vaccination, puis huit heures après à l'inoculation du Claveau. On avait pensé qu'il était convenable de donner l'avance à la Vaccine, comme étant une affection moins énergique que le Claveau. On n'a pas pu douter que le travail claveleux qui s'est développé sur cet Antenois, en même temps que la Vaccine, n'eût le caractère de la Clavelée, car on en a extrait de la matière avec laquelle on a inoculé avec succès le n.° 57. (2)

On sait que l'on regarde comme une chose constante que la petite Vérole naturelle et inoculée, quand elles ont été bien réelles, mettent à l'abri de la récidive : quand cette assertion ne serait pas confirmée par le sentiment des meilleurs auteurs, l'expérience singulière du Docteur *Richard Hautesierck*, et celle du Docteur *Chrétien*, de Montpellier,

---

(1) Le résultat de cette expérience, qui a été faite aussi à Brou, par MM. *Emonot* et *Ané*, Membres de la Société de Médecine de Paris, autorise à croire que la Vaccine ne peut se développer sur les Bêtes qui ont eu la Clavelée.

(2) Procès-verbal du 16 thermidor.

citée pag. 274 et 275 du *Traité historique et pratique de l'Inoculation* (1), ne permettent point d'en douter. Les procès-verbaux des 10 , 15 , 19 , 21 , 23 , 28 messidor, 7 et 11 thermidor, prouvent que le Claveau développé, soit naturel, soit inoculé, met également les Bétes qui en ont été atteintes à l'abri de la récidive. On a bien obtenu sur les deux anciens clavelés naturellement, par le moyen de l'inoculation , un travail de suppuration sur une ou deux piqûres, mais il s'est promptement terminé par dessication , sans offrir le développement pustulaire et claveleux. En inoculant un Agneau de M. *Bourgeois*, de Rambouillet, exposé depuis trente jours à la contagion claveleuse, par cohabitation, on s'apperçut qu'il avait, à la paupière inférieure gauche et à la face, deux pustules claveleuses bien développées, de la grandeur chacune d'une pièce de quinze sous. Ce Claveau naturel parcourut ses périodes ; et les piqûres de l'inoculation, après avoir montré un peu de gonflement et de rougeur, se desséchèrent. La même épreuve fut tentée sur un petit Mouton marqué d'une grande tache noire sur la fesse droite, qui faisait partie des sept Bétes infectées du Claveau, qui nous furent envoyées le 25 prairial, ainsi que sur le n.º 116, Agneau qui avait été inoculé du Claveau avec succès le 26 prairial ; il en est résulté

---

(1) Par les docteurs *Valentin* et *Desoteux*.

que sur le Mouton infecté naturellement d'abord, l'inoculation claveleuse a été sans effet; que sur le n.° 116, déjà inoculé avec succès un mois auparavant, il s'est formé un léger travail de suppuration, sans caractère claveleux. Les procès-verbaux du 28 thermidor prouvent que pour obtenir un point de comparaison de plus, on a inoculé un Mouton avec la matière extraite d'un furoncle, et que le léger travail qui en est résulté, se rapprochait de celui qui s'est manifesté sur les Bêtes inoculées une seconde fois.

Si on ajoute à ces faits isolés de non récidive : 1.° le grand exemple de soixante-seize Bêtes tant vaccinées que non vaccinées du Troupeau d'expériences, qui ont été inoculées du Claveau avec succès, et qui, indépendamment de cette voie immédiate de contagion, ont vécu et vivent encore pêle-mêle avec les Bêtes infectées naturellement, sans avoir pu contracter de nouveau la Clavelée; 2.° l'exemple de deux Moutons clavelés de l'année derniere, qui, comme ceux précédemment indiqués, ont résisté de nouveau à l'inoculation et à la cohabitation; 3.° celui du Troupeau cité par M. *Tessier* de l'Institut, dans un excellent Mémoire inséré parmi ceux de la Société royale de Médecine, et dans lequel il a démontré, il y a plus de vingt ans, par l'exemple de deux Moutons, la possibilité de leur inoculer le Claveau; 4.° l'exemple, que nous avons encore sous les yeux, du Troupeau de M. *Malus Verdier*, qui, ayant eu le Claveau naturel anciennement, se trouve mêlé depuis six semaines avec celui de la Société, sans aucune apparence de récidive ; 5.º l'opinion de M. *Chambrier*, de Neufchâtel en Suisse, qui s'est occupé de la Clavelisation sur des Moutons, et qui après avoir comparé le Claveau inoculé au Claveau naturel, en conclut dans une lettre à M. *Pictet*, insérée dans le huitième volume de la Bibliothèque Britannique, page 117 : « que « la Clavelée inoculée est à la Clavelée naturelle, » ce que la Vaccine est à la petite Vérole ; » enfin, si on ajoute à ces faits positifs ce que dit le Docteur *Décarro*, et que je rapporte ici mot pour mot : « Tous les Moutons qui ont été clavelisés en Hon » grie par le Professeur *Pessina*, n'ont point été » atteints du Claveau, quoique exposés aux miasmes » de ceux qui l'avaient, et dont un grand nombre » périssait (1). Ce Professeur a fait plus : au bout » de trois mois d'une premiere inoculation du Cla » veau, il a de nouveau inoculé les mêmes Mou » tons, et cette seconde inoculation n'a produit au » cun effet sur eux ; »

Ne paraît-on pas, d'après tous ces exemples, autorisé à penser que les Bêtes à laine qui ont

---

(1) Lettre à M. *Decarro*, Journal de Lyon : *Le Conservateur de la Santé*, du 10 brumaire an II.

été infectées du Claveau une première fois, soit naturellement, soit par la voie de l'inoculation, sont à l'abri de la récidive? Et cette propriété de la Clavelée, entièrement semblable à celle de la petite Vérole naturelle et inoculée, ne doit-elle pas être rangée encore parmi les preuves de l'analogie que l'on remarque entre ces deux maladies? Il paraît qu'il n'est pas nécessaire que les Moutons clavelisés, pour être à l'abri de la récidive, aient un travail étranger aux piqûres : plusieurs qui n'eurent que le travail local et primitif, furent également garantis de la contagion naturelle; mais il est nécessaire d'ajouter qu'ils eurent de la fièvre, de l'oppression, une sorte d'emphisême, le flux nasal, etc. ; enfin, tous les signes, plus ou moins prononcés, d'une infection générale.

Si les résultats des expériences dont nous allons rendre compte, eussent confirmé ceux annoncés par M. *Godine*, Professeur à Alfort, on n'aurait pas pu se dispenser de regarder la Clavelée et la petite Vérole comme des maladies absolument identiques. En effet, M. *Godine*, dans un Mémoire publié en l'an 11 (1), rend compte au Public d'une Inoculation variolique tentée sur deux Brebis; « et » qui (dit-il), fut suivie d'une éruption semblable

____

(1) *Expériences sur la Vaccine des Bêtes à laine*, etc., pag. 17.

» en tout au Claveau des Moutons. » Cette expérience paraissait trop importante pour ne point la répéter : vous en aviez vous-mêmes, Messieurs, manifesté l'intention dans le plan que vous avez adopté, et son exécution fut un des premiers soins de votre Commission. Elle s'est d'autant plus attachée à suivre exactement cette expérience, que l'on savait déjà que le Docteur *Chrétien*, à Montpellier, avait inoculé des Moutons avec le levain variolique. « Ils
» eurent, dit-il, une maladie éruptive qui aurait dû
» les garantir du Claveau, si quelques traits de
» ressemblance établissaient l'identité dans les ré-
» sultats. Ces Animaux exposés ensuite dans des
» Troupeaux , contractèrent le Claveau ; ce qui
» prouve bien que cette éruption lui était étran-
» gère. (1) »

Une tentative infructueuse dans le même genre, fut faite à l'Ecole de Médecine de Paris, en l'an 3. « On y inocula la *matière variolique, sans aucun*
» *succès, à des Moutons*, des Singes, des Chiens,
» des Lapins, et à différens volatiles. *Le Virus de*
» *la Clavelée* fut essayé comparativement sur ces
» Animaux de différentes espèces, et on ne put par-
» venir que sur les *Moutons seuls, à le développer*
» *par l'inoculation.* (2) »

____

(1) *Opuscule sur l'inocul. de la petite Vérole.* Montpellier, an 9, pag. 130.

(2) *Rapport du Comité central de Vaccine.*

Les procès-verbaux des 22 et 3o floréal, des 2, 5, 12, 18, 19 prairial, des 2, 11, 21, 26 messidor, établissent que huit Bêtes à laine qui n'avaient pas été vaccinées et qui n'avaient jamais eu le Claveau, dont cinq Agneaux et trois Antenois, furent inoculées successivement jusqu'à trois fois avec la matière variolique.

On a eu l'attention de procéder à ces inoculations avec de la matière sèche et avec de la fraîche. La matière sèche fut apportée de Paris par M. *Mongenot*, l'un des Commissaires, et inoculée par M. *Marin*, son collègue; la matière fraîche fut prise une première fois par M. *Chailly*, sur un enfant, à Bièvre, près Versailles; et une seconde fois sur un Militaire malade de la petite Vérole, à l'Hospice civil de Versailles, en présence des Médecins et Chirurgiens de cette Maison, et de l'un des Membres de la Commission.

Ces inoculations varioleuses faites avec soin, et souvent répétées, n'eurent point de succès et ne donnèrent aucune éruption aux huit Bêtes qui y furent soumises. Il se forma seulement à l'endroit de deux piqûres sur deux de ces Animaux, une légère efflorescence sans caractère, et qui s'éteignit rapidement.

D'après la grande différence de ces résultats avec ceux de M. *Godine*, ne peut-on pas présumer que les deux Bêtes soumises par ce Professeur à l'inoculation variolique , étaient à cette époque déjà infectées du Claveau , et que son invasion succédant à l'insertion du virus variolique', on lui avait attribué le développement d'une maladie dont elles étaient précédemment atteintes naturellement?

D'après les résultats de cette inoculation variolique, répétée inutilement par trois fois sur huit Moutons, il paraitrait que ces Animaux ne sont pas plus accessibles à l'action de la petite Vérole, que les Vaches sur lesquelles j'ai essayé vainement, en différentes fois, de l'inoculer dans le courant de l'an 9, en présence de plusieurs Membres de la Société.

C'est en vain que M. *Auguste de Chambrier* a cherché à Neuchâtel, en Suisse, à inoculer le virus claveleux à une Vache et à un Veau; malgré ses efforts, ces Animaux n'ont pu en être atteints. (1)

On a cherché aussi à s'assurer de l'effet du virus claveleux sur l'Homme et sur d'autres Animaux que les Moutons. Le Comité central dans son rapport, dit formellement (pag. 411.): « On ne peut, sur
» d'autres Animaux que les Moutons, transporter
» la Clavelée par insertion : au moins les essais
» que l'on a répétés n'ont eu aucun résultat. Les
» papiers publics annonçaient que M. *Marchelli*,

____

(1) *Lettre à M.* Pictet, *Bibliothèque britannique , Vol.* 8, *Agricul., pag.* 117.

» Chirurgien à Gênes, avait découvert que *l'inocu-*
» *lation de la Clavelée était un préservatif de la*
» *petite Vérole plus doux que la Vaccine*; on n'a
» pas appris que ces essais eussent aucune suite.
» Les mêmes expériences, tentées par le Comité,
» n'ont pas mieux réussi. »

Ces exemples de non succès de l'inoculation variolique sur les Moutons, et du virus claveleux sur
l'Homme, semblent prouver la différence essentielle
qui existe dans la nature de ces deux virus, et
portent à reconnaître entre chaque espèce de virus,
et les Animaux qu'on soumet à leur action, une
sorte de rapport et d'affinité qui en favorise le développement.

TROISIÈME PARTIE.

CONTRE-ÉPREUVES

PAR L'INOCULATION DU CLAVEAU.

En exposant les Bêtes vaccinées du Troupeau d'expériences, à la contagion claveleuse, votre Commission, Messieurs, se proposait deux objets principaux :

Le premier, de s'assurer si la Vaccine mettait les Bêtes à laine à l'abri du Claveau naturel et inoculé; et dans le cas de l'affirmative, de connaître quels étaient les vrais caractères de la Vaccine sur les Moutons;

Et le second, de combiner les contre-épreuves de manière à offrir à la fois des résultats différens qui, étant ensuite comparés, pussent nous donner des lumières sur la nature et le caractère du Claveau inoculé, sur ses effets, ses avantages et ses inconvéniens.

La faiblesse du développement de la Vaccine sur les Moutons, avait paru trop constante pour ne point laisser des doutes sur son succès contre la Clavelée; et comme les résultats avantageux de la clavelisation n'étaient point encore parfaitement connus, on convint, pour ne point compromettre à la fois tout le Troupeau, de n'y exposer d'abord que les Bêtes les plus communes, dont la majeure partie serait composée des Moutons sur lesquels la Vaccine s'était développée avec succès; et d'y joindre aussi des Bêtes notées sur les registres de la Commission comme l'ayant eue d'une manière irrégulière et douteuse, etc.

On pourra peut-être s'étonner de voir que le plus grand nombre des Bêtes exposées à la contagion, l'ait été par la voie de l'inoculation; en voici le motif : n'ayant pu obtenir tout-à-fait la moitié du nombre des Bêtes à laine demandé dans le plan d'expériences, votre Commission a senti la nécessité d'adopter quelques changemens que je lui ai proposés dans les dispositions de ce plan relatives aux contre-épreuves; en effet, il paraissait suffisant que quelques Moutons bien vaccinés contractassent la Clavelée par la voie de la cohabi-

tation, pour que l'on fût convaincu de l'insuffi-
sance de la Vaccine.

Il n'en était pas de même de l'inoculation
du Claveau. Depuis la clavelisation pratiquée
en Beauce, par M. *Tessier*, de l'Institut, sur
deux Moutons,* on savait qu'elle avait été
mise en usage dans plusieurs endroits ; mais
on n'en connaissait point exactement les résultats. La description du Claveau inoculé
était encore à faire, tandis qu'indépendamment de l'instruction sur le Claveau naturel,
par *Gilbert*, publiée par le Conseil d'Agriculture, sous le Ministère de *Bénézech*,
presque tous les ouvrages sur l'Art vétérinaire et l'économie rurale parlent de cette
maladie, en donnent la description et en
indiquent le traitement.

Par l'effet de cette inexpérience sur la
clavelisation, on n'avait aucun guide dans la
manière d'y procéder ; pour y suppléer, on
s'est attaché à appliquer à cette espèce d'inoculation les principes admis sur l'inoculation
varioleuse. Il a donc été arrêté que l'on em-
ployerait la méthode des piqûres ; qu'une
partie des Bêtes destinées à cette opération

serait inoculée par des piqûres superficielles,
et l'autre par des piqûres profondes, etc.

Les procès-verbaux des 26 et 27 prairial
constatent avec une telle exactitude les pré-
cautions qui ont été prises, afin de rendre les
contre-épreuves concluantes, que votre Commission a pensé qu'il serait utile d'en mettre
sous vos yeux les principales dispositions.

Extrait des Registres de la Commission.

« Après bien des recherches pour décou-
» vrir le Claveau (qui à cette époque était
» très - rare), M. *Voisin* a annoncé à la
» Commission que sept Bêtes à laine, for-
» tement infectées de cette funeste maladie,
» venaient de lui être envoyées par MM. *Véré*,
» Maire de Gambais ; *De Lamotte* et *Bour-*
» *geois* , de Rambouillet, auxquels il s'était
» adressé pour cet objet, etc.

» La Commission voulant faire exécuter
» de suite les contre-épreuves proposées dans
» le plan, s'est réunie les 26 et 27 prairial à
» MM. les Commissaires des Sociétés sa-
» vantes de Paris ; à MM. *Guillotin*, pré-
» sident du Comité central de Vaccine,

» *Francastel*, chargé, après la mort de
» l'infortuné *Gilbert*, de l'exportation des
» Moutons d'Espagne, *Forestier*, *Macna-*
» *mara*, *Michault*, *Judel*, *Chailly*, *Thié-*
» *baut*, *Lelaurain*, etc.

» On a d'abord constaté que des sept Mou-
» tons infectés du Claveau, sur deux la
» maladie était arrivée à l'époque de la des-
» sication, et que la desquamation s'opé-
» rait déjà sur les joues et les aisselles; que
» sur deux autres, les pustules étaient en
» pleine suppuration; que la Clavelée était
» tellement confluente sur l'un de ces Mou-
» tons, que son œil droit était perdu, les
» paupières fermées; les joues, les lèvres et
» les oreilles très-gonflées; que, sur cinq, cette
» maladie était confluente; que, sur deux, la
» majeure partie des pustules était livide;
» que sur deux autres la Clavelée était peu
» confluente et moins avancée, et qu'on
»' pouvait extraire des pustules une matière
» moitié limpide et moitié louche.

» Pour inoculer, on s'est servi de la ma-
» tière prise à trois degrés différens de con-
» sistance : limpide et louche, puriforme et
» concrète. On a même poussé la précaution

» jusqu'à introduire des parcelles de croûtes
» à moitié délayées dans quelques piqûres.

» Vingt Bêtes vaccinées ont été inoculées
» du Claveau le 26; elles étaient désignées
» par les n.ᵒˢ 3, 6, 14, 20, 22, 23, 24,
» 33, 38, 35, 44, 42, 51, 67, 68, 70, 95,
» 102, 107, 34. Après l'opération, on im-
» prima sur le dos de chacune une croix
» verte, afin de pouvoir les distinguer des
» autres à la vue, et ensuite elles ont été
» mêlées avec les Bêtes infectées naturel-
» lement.

» Le même jour, douze Bêtes non vacci-
» nées furent également inoculées et sépa-
» rées ensuite des autres, afin d'obtenir sur
» elles le produit seul de l'inoculation, dé-
» gagé de l'influence de la Vaccine, et de
» la contagion claveleuse par cohabitation.

» Sur la proposition de M. *Guillotin*,
» quatre Agneaux non vaccinés ont été mê-
» lés avec les Bêtes infectées, pour obtenir
» sur eux le Claveau naturel, et afin de
» pouvoir le comparer avec celui qu'il serait
» possible qu'on obtînt sur les autres.

» Enfin, le 27 prairial, les vingt-cinq
» Moutons vaccinés portant les n.ᵒˢ 7, 15,

» 27, 36, 39, 40, 41, 45, 46, 48, 54, 56,
» 61, 63, 64, 71, 77, 78, 85, 86, 89, 91,
» 96, 100, 101 furent aussi inoculés ; en-
» suite, indépendamment des numéros qui
» les désignaient, ils ont encore été marqués
» d'une grande croix rouge sur le dos, et
» mêlés avec les Bêtes infectées.

» On doit faire observer que les vingt
» Bêtes vaccinées, et les douze non vaccinées
» qui ont été inoculées du Claveau le 26,
» l'ont été par des piqûres superficielles,
» tandis que les vingt-cinq autres clavelisées
» le lendemain, l'ont été par des piqûres
» assez profondes pour causer l'effusion du
» sang.

» MM. *Marin*, *Sedillot* et *Voisin* ont
» fait les opérations ; M. *Valois*, habile
» Vétérinaire et l'un des Membres de la
» Commission, qui, par état, devait avoir
» le plus de connaissance sur le Claveau,
» désignait les pustules les plus propres à
» fournir la matière de l'inoculation, et se
» chargeait de la recueillir sur les lancettes ».

On voit par ces détails, que l'on a cherché
à réunir sur les Bêtes vaccinées les deux voies
les plus directes d'infection claveleuse, et que

l'on a attendu le résultat de cette première contre-épreuve, pour en soumettre d'autres à la contagion par cohabitation seulement.

Développement du produit de la Cla-velisation.

Dès le deuxième jour de l'insertion, les Bêtes, tant vaccinées que non vaccinées (1), présentèrent un commencement de travail.

Le quatrième jour, on voyait sur chaque piqûre une pustule ou une tumeur, dont cette piqûre était le centre, environnée d'une zône plus ou moins étendue d'un rouge coquelicot. Les pustules offraient l'étendue d'une pièce de quinze sous, et les tumeurs à-peu-près le volume d'une grosse aveline. Quand on pressait ces premiers développemens claveleux, l'animal paraissait souffrir; mais l'organisation générale n'en paraissait point altérée.

Le sixième jour, le produit de la claveli-

---

(1) A l'exception du n.º 54 qui n'eut aux piqûres qu'un léger travail de suppuration, qui s'est entièrement éteint le sixième jour.

sation avait fait des progrès en élévation et en étendue. Sur le n.º 7, le travail présentait le volume de la moitié d'une noix ; les pustules des piqûres du n.º 64, présentaient, en tous sens, à-peu-près l'étendue et la forme d'un petit écu. On remarquait de plus sur ce Mouton qu'une pustule, étrangère aux piqûres, s'était développée du quatrième au sixième jour. Le travail claveleux des Moutons portant les n.ºs 3 et 68 présentait à-peu-près le même caractère et était fort enflammé.

Les premiers degrés de développement sur les Moutons désignés par les n.ºs 23, 25, 41, 84, etc., paraissaient moins inflammatoires ; mais on remarquait sur ces animaux un commencement d'éruption générale.

Plusieurs autres Moutons, indépendamment du travail local, présentaient aussi une éruption de pustules étrangères au travail des piqûres ; elle s'était manifestée du cinquième au sixième jour de l'insertion.

A l'époque du sixième jour, on remarquait sur toutes les Bêtes inoculées les symptômes suivans, plus ou moins développés : une espèce d'emphysème à la peau du ventre ; yeux rouges et chassieux ; flux nasal ; oppression ; fièvre légère.

La vivacité, l'énergie du travail local paraissaient diminuées sur les Bêtes inoculées qui avaient une éruption générale; et au contraire, le travail local était plus prononcé sur celles qui n'en présentaient pas.

Sur les douze Bêtes inoculées du Claveau, le 26, mais non vaccinées, et séparées de celles qui étaient atteintes de la contagion, une seule (le n.º 82) avait une éruption universelle et confluente, très-prononcée.

On a vu généralement que le développement du produit de l'inoculation cause à ces animaux une démangeaison si incommode, qu'ils se frottent près les murailles ; ils excorient ainsi les tumeurs et les pustules, et ils se servent même de leurs dents pour les déchirer quand ils peuvent les atteindre.

Le septième jour de l'insertion, plusieurs pustules des inoculés étaient excoriées et devenues livides , par l'effet du frottement.

L'éruption universelle du n.º 82 présentait décidément le caractère du Claveau confluent.

On a pu s'assurer que sur douze Bêtes

vaccinées et inoculées, indépendamment d'un travaïl local, il s'était fait encore une éruption générale. Ces Bêtes étaient désignées par les n.ᵒˢ 6, 20, 23, 24, 34, 35, 42, 67, 68, 77, 78, 102.

Sur dix de ces Bêtes, la Vaccine s'était développée avec succès et régularité. Sur deux seulement, désignées par les n.ᵒˢ 102 et 35, le virus vaccin en se développant, avait montré de l'irrégularité dans sa marche. Cependant, sur le n.° 102, la clavelisation n'avait produit qu'un travail claveleux assez ordinaire ; et sur le n.° 35, ni l'éruption générale, ni le travail local n'ont présenté, aux yeux du savant M. *Huzard*, à la visite du 10 messidor, le caractère claveleux. Ainsi, dans cet exemple, le Claveau inoculé a montré plus de caractère et d'énergie sur les Bêtes en qui la Vaccination s'était développée avec plus de régularité, que sur celles où le développement vaccinal ne s'était fait que d'une manière irrégulière.

Résultat des Contre-Épreuves.

Le procès-verbal du 10 messidor est revêtu des signatures des Membres de la Commission et des Commissaires des Sociétés savantes de Paris; de celles de MM. *Thouret, Guillotin, Deschamps* et *Dupuytren;* de celles de MM. *Double* et *Bousquet,* membres de la Société de Médecine; et de celles de MM. *Forestier, Michault, Judel* et *Chailly*, de Versailles. M. *Huzard* faisait partie de cette réunion; il fut prié de prononcer sur les résultats des inoculations claveleuses, pratiquées les 26 et 27 prairial.

Ce procès-verbal, ainsi que les notes portées sur le registre de la Commission à chaque numéro des Bêtes clavelisées, constatent que l'on a remarqué sur la plupart des Bêtes inoculées, vaccinées ou non vaccinées, « que
» les pustules des piqûres et quelques autres
» qui s'étaient développées près d'elles,
» étaient affaissées et dégénérées en escarres
» gangréneuses, les unes blanches et les au-
» tres noires; quelques-unes de ces escarres
» furent scarifiées par M. *Huzard*, et re-
» connues de l'épaisseur d'environ trois mil-
» limètres; plusieurs commençaient à se dé-
» tacher, et une suppuration ichoreuse s'était
» formée à l'entour; d'autres étaient dessé-

» chées et offraient une espèce de croûte
» cornée.

» Les n.ᵒˢ 7, 68 et 70, vaccinés avec suc-
» cès, présentaient des pustules claveleuses
» étrangères aux pustules.

» Parmi les douze Moutons non vaccinés,
» inoculés du Claveau, et qui ont été séparés
» des autres, le n.ᵒ 82 fut reconnu atteint
» du Claveau universel et confluent, dont il
» est mort le lendemain ; et on observa que
» le travail primitif et local de la clavelisa-
» tion sur ce Mouton était presque tota-
» lement éteint. »

Afin de s'assurer si le produit de la clavelisation sur tous ces animaux avait bien le
caractère du Claveau inoculé, j'ai extrait de
la matière des pustules du n.ᵒ 7 , pour claveliser à l'instant, en présence de l'Assemblée :
1.ᵒ un Agneau de M. *Bourgeois*, de Rambouillet , qui a été désigné par les deux
lettres PP , imprimées en noir sur le dos ;
2.ᵒ un Antenois Beauceron de M. *Renault*,
de Velizy , qui a été désigné par quatre P en
noir , imprimés sur le côté droit de la poitrine.

Ces deux Bêtes n'avaient point été vaccinées, et on s'était assuré qu'elles n'avaient jamais eu le Claveau.

Les procès-verbaux des 15, 19, 21 et 23 messidor, constatent que l'Agneau de Rambouillet, à la suite de cette inoculation, a eu la Clavelée inoculée, avec une éruption universelle et discrète, mais sans caractère ; que sur le Mouton de Velizy, indépendamment d'un travail local ayant bien le caractère claveleux, il s'était fait du cinquième au septième jour de l'insertion, une éruption secondaire de pustules vraiment claveleuses. Cette éruption était répandue d'une manière discrète sur le ventre, les faces internes des cuisses, aux aisselles, et sur les paupières et les lèvres. De l'une des pustules primitives de l'aisselle droite, jusques vers la poitrine, il s'était formé sur ce Mouton une espèce de cordon, avec des renflemens, de distance en distance, du volume, chacun à-peu-près d'un pois, qui lui donnait la forme d'un chapelet.

En examinant les notes qui, dans la réunion du 10 messidor, ont été portées à chaque numéro des Bêtes vaccinées, on voit que celles qui avaient eu la Vaccine avec succès, comme celles qui l'avaient eue irrégulièrement, d'une manière plus faible ou douteuse, ou qui l'avaient reçue de Mouton à Mouton, ont présenté à-peu-près les mêmes résultats. Il en a été de même des Bêtes non vaccinées. Plusieurs d'entr'elles ont eu le Claveau local seulement; d'autres ont eu, comme les douze vaccinées dont nous avons parlé, une éruption générale et secondaire de petites pustules miliaires ou farineuses; et quelques-unes ont présenté des pustules claveleuses, qui s'étaient développées secondairement dans le voisinage des piqûres.

On ne s'est aperçu d'aucune différence dans le produit de la clavelisation entre les trente-deux Bêtes inoculées le 26 prairial, par des piqûres superficielles, et les vingt - cinq Bêtes inoculées par des piqûres profondes.

On a remarqué également que la clavelisation des quarante-cinq Moutons qui ont été en même temps exposés par cohabitation à la contagion claveleuse, n'a présenté aucun degré de développement supérieur à celui qui s'est fait sur les douze Bêtes à laine qui, après avoir été inoculées du Claveau , ont été séparées des Bêtes infectées naturellement. Par le procès-verbal du 12 messidor, on voit que les escarres des pustules des inoculés du Claveau étaient en pleine suppuration et se détachaient; que sur quatre elles étaient fort profondes ; que sur plusieurs , entr'autres le n.º 68, on avait trouvé, dès le 12 messidor, des pustules étrangères aux piqûres en pleine suppuration, dont on avait extrait de la matière pour inoculer une seconde fois, sans succès, le n.º 54, selon la manière de M. *Tessier*, de l'Institut ; c'est-à-dire, par de petites incisions superficielles.

Le 28 messidor, on a extrait de la matière claveleuse d'une pustule de l'Agneau de Rambouillet, marqué PP, pour inoculer de la même manière les n.ºˢ 62 et 76, et un autre Mouton qui avait perdu son numéro , et qui tous trois avaient été vaccinés.

Le même jour, aux dépens du Mouton de Velizy, on a inoculé les n.ºˢ 18 , 43 et 73 , qui avaient eu une vaccine faible et irrégulière.

Le 30 messidor , aux dépens du même

Mouton clavelisé, on a inoculé, par incisions superficielles, les n.ᵒˢ 2, 5, 11 et 26 vaccinés avec succès.

Ensuite on a inoculé, par piqûres, le n.º 54, Mouton précédemment vacciné, qui avait déjà résisté à deux insertions claveleuses. Les n.ᵒˢ 58, 60 et 103 qui n'avaient eu la Vaccine que d'une manière irrégulière et douteuse, ont été inoculés de suite de la même manière.

Les procès-verbaux des 7 et 11 thermidor constatent que le n.º 43, inoculé du Claveau aux dépens du Mouton de Velisy, indépendamment du travail claveleux des piqûres, a eu des pustules à l'entour ; que ce travail a été assez prononcé pour développer sur cet animal une fièvre qui s'annonçait par cent vingt-cinq pulsations d'artères par minute ; que le n.º 18 présentait à chaque piqûre une tumeur volumineuse, et que le n.º 103 n'éprouvait qu'un travail ordinaire, ainsi que les autres ; enfin, que le Mouton portant le n.º 54 qui avait résisté à deux clavelisations successives, présentait aux piqûres seulement un travail claveleux bien caractérisé. Ce dernier fait porte à croire que les individus que l'on regarde comme n'étant point susceptibles d'être atteints de la contagion varioleuse ou claveleuse, finiraient par y être accessibles, si on s'obstinait à les y exposer.

D'après ces résultats, on ne peut douter que les premières Bêtes inoculées n'eussent le Claveau, puisqu'elles l'ont donné d'une manière très-prononcée à l'Agneau de Rambouillet, et sur-tout au Mouton de Vélizy, et que ces derniers, à leur tour, l'ont rendu à d'autres.

Ces mêmes résultats prouvent encore que la matière claveleuse sur les Bêtes inoculées ne s'altère point par la transmission, et que, soit que l'on employe la méthode des piqûres, soit que l'on donne la préférence aux incisions superficielles, ils présentent à peu près les mêmes caractères, avec cette différence seulement que l'on réussit plus constamment par la méthode sutonienne que par celle des incisions.

Sur six Bêtes vaccinées qui ont encore été clavelisées le 16 thermidor, on fait observer, 1.º que le n.º 57 a été inoculé avec la matière prise du Mouton sur lequel la Clavelée et la Vaccine s'étaient développées simultanément (1); 2.° que le n.° 109 et un Agneau de Rambouillet qui avaient été vaccinés à la fois, avec succès, par plusieurs excoriations et par plusieurs excisions, furent clavelisés avec la matière prise sur le n.° 11.

On apprend par le procès - verbal du 22 thermidor, que le n.° 57 a eu le Claveau inoculé tellement prononcé, qu'une piqûre de l'aisselle offrait une tumeur d'une forme oblongue et élevée, qui présentait quatre centimètres dans un sens, et trois dans l'autre, dont le centre s'élevait en pointe, et était déjà en suppuration; que le tissu cellulaire subcutané était engorgé et dur, et que ce travail considérable avait commencé à se développer dès le deuxième jour de l'insertion.

La Vaccination opérée à la fois, avec succès, par des excoriations et des excisions multipliées, sur le n.° 109 et sur un Agneau de

___

(1) Ce même Mouton fut le même jour clavelisé de nouveau, afin de s'assurer s'il serait possible de développer sur lui un second travail claveleux.

M. *Bourgeois*, ne les a point rendus moins accessibles que les autres à l'invasion du claveau qui s'est développé sur eux d'une manière locale, mais très-prononcée.

Enfin , l'inoculation claveleuse pratiquée pour la seconde fois sur le Mouton vacciné et clavelisé en même temps , n'a produit sur une seule piqûre qu'un léger gonflement sans caractère, et qui s'est promptement desséché.

Observations générales.

Par cet exposé fidèle de la clavelisation de soixante - seize Bêtes , dont soixante - deux avaient été vaccinées, on voit qu'un seul de ces animaux a succombé le seizième jour de l'insertion à une Clavelée confluente et maligne que l'Inoculation seule lui avoit donnée, puisqu'il faisait partie des douze non vaccinés qui, après la clavelisation , furent séparés des autres Bêtes infectées. Ce seul fait suffit pour prouver évidemment que l'Inoculation claveleuse n'est point constamment suivie d'une Clavelée bénigne. Ainsi ce seul exemple donne la solution de l'une des questions que l'on se proposait d'examiner dans le plan d'expériences.

On voit aussi que les soixante-quinze autres Bêtes, tant vaccinées que non vaccinées, n'eurent qu'un claveau local développé très-énergiquement sur la plupart des piqûres ; que sur le plus petit nombre, ce travail local a été accompagné d'une éruption plus ou moins discrète, qui n'a pris un caractère véritablement claveleux que sur quelques-uns de ces animaux qui presque tous avaient été vaccinés avec succès.

Il est essentiel de faire observer que, malgré la nature confluente de la Clavelée du Mouton n.º 82, il n'y aurait peut-être pas succombé, s'il n'eût point été oublié par le domestique, pendant toute une nuit, dans une cour humide, et sans moyen d'étancher la soif ardente dont il paraissait dévoré.

On a remarqué généralement que toutes les fois que le développement pustulaire ou tumoral se prononçait sur les clavelisés du deuxième au quatrième jour de l'insertion, il se faisait rarement d'éruption secondaire. On observait le contraire, quand le travail primitif présentait peu de développement, ou qu'il se faisait avec plus de lenteur.

A mesure que les pustules claveleuses des piqûres approchaient de l'instant où elles dégénéraient en escarres gangreneuses et humides, ou en escarres sèches et cornées, ou qu'elles présentaient un état complet de suppuration, ce que nous avons vu arriver ordinairement du dixième au quatorzième jour de l'insertion, l'inflammation diminuait sensiblement. Elle se soutenait jusqu'à cette époque, à moins qu'une éruption générale ne vînt à se manifester. Quand cela arrivait, alors l'inflammation paraissait céder. Si l'éruption prenait un caractère claveleux, non-seulement l'inflammation, mais encore le gonflement diminuaient sensiblement en raison de son intensité ; et lorsque l'éruption n'était que miliaire ou sans caractère, qu'elle se desséchait, le travail local et primitif reprenait alors toute son activité ; ce qui semble annoncer que plus le virus claveleux se trouve fixé dans la partie inoculée, plus le désordre qu'il y occasionne est considérable ; et cependant il n'en agit pas moins sur l'organisation générale, puisqu'il cause une espèce de fièvre,

probablement nécessaire comme la varioleuse,
pour mettre les Animaux clavelisés à l'abri
de la récidive.

Si l'on considère que sur soixante - deux
Bêtes vaccinées, l'inoculation du claveau n'a
pu en rendre une seule dangereusement malade, tandis que sur quatorze non vaccinées,
une a contracté, par cette voie seulement,
une Clavelée confluente et maligne dont elle
est morte ; on paraît autorisé à penser que
si la vaccination n'a point mis ces Animaux
à l'abri du Claveau inoculé, elle semble en
avoir tellement modifié l'action, que la Clavelée n'a pu prendre sur les vaccinés un caractère dangereux.

Mais, quand on réfléchit ensuite sur tout
ce qui s'est passé sur les Bêtes inoculées après
avoir été vaccinées, comme sur celles qui
ont été exposées à la contagion par la voie de
la cohabitation, ainsi que sur les résultats du
grand nombre d'inoculations pratiquées en
Hongrie, n'a-t-on pas à craindre de voir
s'évanouir l'espoir d'une modification avanta-
geuse ?

Toutes les Bêtes à laine exposées à la contagion claveleuse n'ont pas la même aptitude

à la contracter. On ne peut rendre raison de cette plus ou moins grande susceptibilité des individus : mais tel Mouton, auquel l'inoculation n'a donné qu'un travail local très-prononcé aux piqûres, et quélques pustules claveleuses secondaires, aurait peut-être, sans cette circonstance, succombé à une Clavelée naturelle et maligne. On a vu le Mouton n.º 38 présenter à l'examen du 10 messidor, indépendamment du travail des piqûres, une éruption secondaire de quelques pustules claveleuses.

Le travail local du n.º 63 non-seulement a été fort prononcé, mais encore une pustule de l'aisselle gauche s'était tellement étendue et gonflée, qu'elle formait un cordon qui se prolongeait vers la poitrine, dans la longueur de douze centimètres. Le caractère des pustules du n.º 68 parut tellement prononcé aux yeux de M. *Huzard*, qu'il n'hésita pas à dicter ce qui suit :

» Les pustules ont le caractère du Claveau
» inoculé. Il est décidé qu'on pourra prendre
» de la matière dans deux jours. Il y a une
» pustule étrangère à celle des piqûres, à côté
» des testicules, et deux autres au bras droit. »

D'après ces faits, on ne peut douter au moins de cette vérité : que la vaccination des Bêtes à laine du Troupeau d'expériences de la Société, ne les a point rendues inaccessibles aux effets de l'inoculation claveleuse.

Mais ces effets que nous avons remarqués présentaient-ils bien le caractère *sui generis* des pustules de la Clavelée naturelle ?

Il semble qu'on ne pourra guères en douter d'après tout ce qui a été dit déjà, et ce qui va suivre. Les Commissaires, dans leurs fréquens examens et comparaisons, ont pu remarquer que les pustules des piqûres dans la clavelisation ressemblent aux pustules claveleuses naturelles : la seule différence qui existe entre elles, c'est que les pustules des piqûres qui résultent de l'inoculation sont beaucoup plus grandes.

Cette remarque n'avait point échappé au Professeur *Pessina*. Le Docteur *Decarro*, dans le Journal de Lyon déjà cité, dit : « que
» les résultats des inoculations claveleuses
» pratiquées en Hongrie sur les Moutons,
» par le Professeur *Pessina*, n'ont point été
» publiés ; qu'il n'en connaît les détails que
» par ce que lui en a dit ce Professeur ; que

» ces inoculations ont été pratiquées sur
» plusieurs centaines de Moutons; que pres-
» que tous ont pris *une pustule ressem-*
» *blante à celle de la Clavelée naturelle,*
» *mais au moins trois fois plus grande,*
» et sans aucune éruption générale. La plu-
» part n'ont point paru indisposés, et ceux
» qui l'ont été ne l'étaient que légèrement :
» on n'en a du moins perdu aucun. »

Si on joint à ces détails ceux dont on va parler, et qui me sont parvenus dans le cours de nos expériences, on ne pourra douter que les effets de la Clavelisation sur nos Moutons présentaient bien le caractère du Claveau inoculé.

On a déjà dû remarquer que ces effets présentaient des différences.

Ces variations dépendent-elles du mode d'inoculation, des dispositions des sujets que l'on y soumet, de la nature fraîche ou sèche, froide ou chaude de la matière, du caractère malin ou bénin de la maladie qui la fournit, de la plus ou moins grande quantité qu'il faut employer, de la température, etc.? Le temps et les circonstances n'ont point permis de chercher à résoudre ces questions par de nouvelles expériences ; mais si, comme on doit l'espérer , la clavelisation est adoptée et mise en pratique, ces doutes seront bientôt éclaircis.

Le point essentiel est d'être assuré que l'inoculation claveleuse est praticable sur les Bêtes à laine, et que ses effets garantissent de la récidive. Les résultats de nos expériences, ainsi que les faits à l'appui que nous avons pu recueillir, autorisent à le croire jusqu'à ce que d'autres faits absolument contraires et bien constatés, renouvellent des doutes. Mais d'après la tentative heureuse de l'inoculation claveleuse faite , il y a plus de vingt ans, par le célèbre Agronome M. *Tissier*, sur deux Moutons, ne doit-il pas paraître étonnant qu'il ait fallu l'occasion de vérifier si la Vaccine pouvait être opposée avec succès à la Clavelée, pour étudier le Claveau inoculé et en faire connaître plus exactement les propriétés et les avantages ?

Des détails qui paraissent très-exacts, que l'on trouve dans le précis d'un Mémoire (1)

____

(1) Ce Précis vient d'être publié dans le Recueil périodique de la Société de Médecine de Paris.

manuscrit que M. *Calignon*, chirurgien de l'hospice de Dijon, a bien voulu m'adresser il y a environ deux mois, viennent à l'appui de tout ce que nous avons dit sur le Claveau inoculé.

Il a clavelisé quatre-vingts Brebis qui eurent des pustules aux piqûres, lesquelles prirent un accroissement plus ou moins considérable. Les plus volumineuses égalaient un œuf de pigeon.

« La pustule (dit M. *Calignon*) produite par
» l'insertion du virus claveleux, a une forme
» à-peu-près circulaire ; elle est plus large à
» sa base qu'à son sommet qui forme une
» saillie assez élevée ; elle n'offre de rougeur
» qu'à sa partie supérieure, qui, vers le neu-
» vième jour, semble blanchir un peu et con-
» tenir de la matière purulente, etc. »

On reconnaît à cette description une forme tumorale que présente souvent le produit de la clavelisation ; mais, indépendamment de cette forme, votre Commission a vu l'ino-culation claveleuse se développer sous une autre que l'on peut appeler *pustulaire*. Ce sont des pustules plates qui se développent sur les piqûres, qui en occupent le centre, et qui ressemblent aux pustules claveleuses naturelles ; elles sont seulement trois et quatre fois plus grandes ; elles sont élevées sur la peau d'environ quatre millimètres ; leur surface paraît légèrement concave ; elles ont à-peu-près autant de profondeur dans le tissu subcutané qu'elles présentent d'élévation ; elles sont rondes ou ovales, et offrent souvent l'étendue d'une pièce de quinze et de trente sous, même celle d'une pièce de cinq francs. Ce sont des espèces de pustules qui dégénèrent souvent en une escarre gangreneuse, ou en croûtes cornées, sous lesquelles le pus s'amasse. On en a vu dont les bords étaient durs, comme carcinomateux, et qui représentaient la forme de ces gros tubercules chancreux et plats qui se développent quelquefois sur le sein des femmes atteintes de cancers ouverts. Ces pustules plates croissent rapidement du troisième au quatrième jour de l'insertion, tandis que les tumorales suppurent quelquefois dès le deuxième ou troisième.

Elles ne sont point les seules par lesquelles la clavelisation se manifeste. Comme on l'a déjà dit, il s'est formé souvent sur les Bêtes clavelisées une éruption de pustules secondaires, étrangères aux piqûres, et qui se manifestait du cinquième au septième jour de l'insertion. La plupart de ces pustules ont paru être de la nature de celles qui se sont développées naturellement sur le petit Agneau de M. *Bourgeois* non vacciné, qui a gagné une clavelée très-discrète par cohabitation; elles se dessèchent sans suppurer; on trouve seulement sous la croûte un peu de matière avec laquelle on peut donner le Claveau. Le plus petit nombre de ces pustules suppure, et fournit une matière assez bien liée du douzième au seizième jour de l'insertion, et avec laquelle on a pu donner également la Clavelée (1).

____

(1) Le Comité central de Vaccine de Paris, m'a fait l'honneur de m'inviter à assister aux clavelïsations faites par lui, sur dix-huit Bêtes vaccinées, tant à Goussainville qu'à Paris. Sur trois de ces animaux, les opérations n'ont été suivies que d'un travail local et très-ordinaire : douze ont présenté un travail tumoral ou pustulaire, très-prononcé, mais sans éruption générale. Des escarres gangreneuses se sont aussi formées sur les pustules de quelques-uns de ces animaux, etc.

En réfléchissant sur ces derniers résultats, je me suis rappelé que les trois Moutons de Goussainville, auxquels la clavelisation n'a donné qu'un travail local et ordinaire, avaient été inoculés avec de la matière claveleuse froide, en

Enfin on a remarqué une autre espèce de pustules, produite secondairement aussi par la clavelisation, et qui a été observée également sur des Moutons ayant la Clavelée naturelle.

Ce sont plutôt des tubercules que des pusules; ils sont gros comme des pois; ils roulent sous la peau, dans le tissu cellulaire des aisselles, sur les côtés de la poitrine, et forment quelquefois comme une espèce de chapelet; on ne les a pas vus suppurer. Ils se fondent et disparaissent à l'époque de la dessication. Ils paraissent formés par l'engorgement de la lymphe dans ses vaisseaux, et être l'effet de

---

consistance de pus lié qui avait été apporté de Paris, sur des verres, par M. *Huzard*; tandis que les douze autres Moutons avaient été inoculés avec de la matière claveleuse encore chaude, fluide et extraite à l'instant de l'insertion. Nos inoculations de Versailles ont été également faites avec de la matière chaude et fluide, et ont donné souvent lieu à des escarres putrides et gangreneuses. Est-ce à la Vaccine ou au choix et au refroidissement de la matière claveleuse, qu'il faut attribuer l'avantage obtenu sur les trois Moutons de Goussainville? La matière claveleuse, fluide et encore chaude est-elle plus pernicieuse; produit-elle des effets plus désorganisateurs que celle qui est refroidie et en consistance de pus bien lié? Ce sont des questions que les Vétérinaires pourront résoudre, en mettant la clavelisation en pratique.

l'irritation que cause, aux aisselles, la présence du virus claveleux.

« Vingt autres Brebis, dit M. *Calignon*,
» eurent des pustules comme les quatre-vingts
» citées plus haut ; ces pustules se manifes-
» tèrent du cinquième au sixième jour aux
» piqûres ; le neuvième jour de l'insertion elles
» furent affectées de putridité : quatre de ces
» animaux périrent ; la putridité, sur les seize
» autres, fut arrêtée par l'application du feu,
» et elles guérirent. » Il pense que cette putridité peut être attribuée à la mauvaise disposition des humeurs de ces animaux, et il
attribue la mort des quatre qui succom-
bèrent, à l'absence du propriétaire, pendant
laquelle elles furent négligées.

M. *Calignon* fait observer que onze des
Brebis dont on avait arrêté la putridité par
la cautérisation, eurent, à la suite de leur
rétablissement, une éruption assez générale
de Claveau, ce que n'éprouvèrent point les
autres brebis inoculées.

Quelques personnes pourraient regarder ce
qui est arrivé à ces onze Brebis, comme une
objection contre la propriété du Claveau inoculé de garantir de la récidive. Cet accident

ne semblerait-il point prouver au contraire que le travail de suppuration qui s'établit sur les piqûres des Bêtes inoculées, et qui dure de vingt-cinq à trente jours, ne peut être interrompu, sans anéantir cette propriété précieuse ? En effet la cautérisation a dû convertir en escarre sèche, une plaie qui suppurait beaucoup, et dont la suppuration devait servir à entraîner le virus claveleux porté dans les humeurs, et en opérer ainsi la dépuration.

Ce travail naturel ayant été suspendu par l'action du feu, a dû laisser dans le sang le germe de l'éruption claveleuse qui s'est développée après la cicatrisation des plaies.

On connaît les effets de la cautérisation sur les morsures des animaux enragés. Quand elle précède, dans ces cas, l'infection générale, elle la prévient et détruit l'action du virus rabifique qui n'est que déposé dans la plaie et qui n'a point encore été absorbé. Mais on sait que si l'absorption et l'infection des humeurs ont eu lieu, cette puissante ressource médicale devient insuffisante.

On a pu se convaincre par ce qui vient d'être dit, que la Vaccine n'a point garanti nos Moutons du Claveau inoculé. D'après l'exposé que nous allons faire de la contre-épreuve par cohabitation, on jugera si on a pu l'opposer avec plus de succès contre la Clavelée naturelle.

Contre-épreuve par cohabitation.

Les procès-verbaux des 15 et 30 messidor constatent que seize Bêtes' vaccinées ont été mêlées avec les Moutons infectés naturellement du Claveau, et avec ceux qui avaient été inoculés, et dont les plaies suppuraient encore; ce qui formait autour de ces seize animaux une masse atmosphérique chargée fortement de miasmes contagieux, à laquelle on sentait qu'ils ne pourraient résister, à moins que la Vaccine n'en fût le préservatif. Ces Moutons étaient désignés par les n.os 4, 7, 9, 16, 25, 50, 53, 55, 52, 47, 65, 69, 87, 88, 114, et un Mouton solognot qui avait perdu son numéro et qui fut marqué d'une étoile rouge sur le dos. Les procès-verbaux des 11, 22 et 26 thermidor, constatent que les n.os 4, 16, 69, 52, 87, 114, sur lesquels la Vaccine s'était bien développée, furent pris de la Clavelée. Les n.os 8, 9, 25,

5o , 53, 55, 65 , et celui marqué d'une étoile, qui avaient reçu la Vaccine avec plus ou moins d'irrégularité , furent également atteints du Claveau. Les n.ᵒˢ 88 et 47 , notés comme ayant eu la Vaccine d'une manière irrégulière et douteuse, ont été les seuls respectés par la contagion.

On a remarqué que toutes les Bêtes exposées à la contagion claveleuse par cohabitation, n'en furent point toutes atteintes à la même époque ; quelques-unes donnèrent des signes d'infection au bout d'environ quinze jours de cohabitation , et d'autres entre vingt et vingt-cinq jours.

Parmi les Bêtes regardées comme bien vaccinées qui furent ensuite prises de la contagion, les n.ᵒˢ 69 et 87 en furent très-maltraités , le 87 y a succombé, et le 69 a failli éprouver le même sort. A l'époque de la dessication, cette dernière Bête est tombée dans un tel état de débilité, qu'elle ne pouvait ni se soutenir, ni marcher ; le vin miélé qui lui fut administré comme cordial l'a ranimée, et tout porte à croire que ce remède aurait également été salutaire à celle n.ᵒ 87 , si le gar-

dien qui la soignait n'eût point oublié un jour
de lui donner la potion qui lui était destinée.

La dégénération gangréneuse des pustules
n'est point un accident particulier à la Clavelée
inoculée; on l'a vu se manifester également
sur plusieurs pustules rapprochées près l'oreille
droite du n.° 69 (1), et y déterminer une
plaie très-large, dont la suppuration était
putride et vermineuse, et dont on eut bien
de la peine à obtenir la détersion et la cicatrisation. On y est parvenu cependant, ainsi
que sur les inoculés qui étaient dans le même
cas, sans avoir recours à la cautérisation.

Résumé.

D'après les détails dans lesquels nous venons d'entrer, et les faits authentiquement
constatés qui viennent d'être exposés, vous
voyez, Messieurs, que la Vaccination n'a produit généralement sur les Bêtes à laine de votre Troupeau d'expériences qu'un travail local,
faible, très-inférieur au développement vaccinal qui se fait sur l'Homme. La Vaccine sur

---

(1) Qui avait gagné le Claveau par cohabitation.

nos Moutons n'a jamais paru exercer d'influence sensible sur leur organisation générale;
elle n'a pas même déterminé le plus léger
engorgement dans les vaisseaux et les glandes
des parties voisines de celles qui étaient le
siége de son développement.

Cependant on n'a pu donner la Vaccine à
des Bêtes anciennement et récemment clavelées, tandis qu'elle prenait très-aisément
sur celles qui n'avaient point encore été atteintes de la contagion claveleuse.

On peut raisonnablement soupçonner que
la petite Vérole et son précieux préservatif,
ainsi que la Clavelée, ont la même origine
et viennent peut-être de la même source. On
ne peut douter qu'il n'y ait une grande analogie dans leur marche; mais le virus claveleux, quoique paraissant tenir à l'espèce varioleuse, présente un caractère distinct et
propre aux Bêtes à laine. Cette modification
paraît dépendre de la nature particulière de
leur organisation. C'est aussi à cette organisation particulière que l'on est autorisé à attribuer le faible développement que la Vaccine
reçoit sur ces animaux, et qui paraît la rendre
insuffisante contre la contagion claveleuse.

Les résultats des diverses expériences dont on a rendu compte, et les faits cités à l'appui, confirment l'opinion que l'on avait déjà, qu'ainsi que la petite Vérole, la Clavelée naturelle ne se développe pas deux fois sur le même individu.

Ces résultats semblent encore concourir à prouver : 1.º que l'économie animale des Moutons ne peut être troublée, deux fois de la même manière, par l'inoculation claveleuse ; 2.º qu'il paraît essentiel qu'un agent, pour devenir le préservatif d'une maladie contagieuse, ait de l'analogie avec elle ; que pour qu'il parvienne à détruire l'aptitude des sujets à recevoir cette maladie, ou l'espèce d'affinité qui semble exister entre la contagion et l'animal qui est susceptible d'en être atteint, il est nécessaire qu'il exerce son action d'une manière plus ou moins marquée sur les humeurs et le systême général de l'organisation ; 3.º que l'action du préservatif sur chaque espèce d'animal doit être proportionnée aux degrés de force, d'activité, d'énergie et de malignité que déploie la maladie dont on veut garantir.

En comparant les effets de la Vaccine et

de l'inoculation variolique sur l'Homme, on reconnait qu'il existe entre les développemens de la première et le travail primitif de la seconde, des rapports et de l'analogie dans leur marche et leurs effets (1).

On est loin d'observer la même chose entre le travail de la vaccination des Moutons, et celui de la clavelisation. On remarque, au contraire, une très-grande disproportion entre le produit de ces deux espèces d'inoculation.

Les Moutons ont très-peu de sensibilité ; leurs fibres sont peu irritables ; elles sont constamment abreuvées d'une humeur stéatomateuse, au lieu d'une graisse douce comme celles de l'Homme ; leur sang est disposé aux inflammations carbonculaires et gangréneu-

____

(1) Le docteur *Jenner*, dans son ouvrage sur la précieuse découverte de la Vaccine, reconnaît et avoue qu'il existe une grande ressemblance entre les boutons vaccins et les varioleux. Dans l'excellent rapport sur la Vaccine, de la Commission médico-chirurgicale de Milan, dont le docteur *Heurteloup* a donné une bonne traduction, qu'il a enrichie de notes instructives, on dit, page 2 : « On ne peut s'em» pêcher de reconnaitre dans la marche régulière de la Vac» cine, un certain travail spécifique, et une *analogie bien prononcée avec la pustule locale,* produite par l'inoculation du virus variolique.

ses (1); leur peau est parcheminée, presque dépourvue de corps muqueux, et constamment enduite par le suint qui doit encore en émousser la sensibilité.

La clavelisation produit sur ces Animaux un travail tumoral et pustulaire, rapide, fortement prononcé, et accompagné de symptômes d'affection générale. Les effets du virus claveleux sont plus désorganisateurs et présentent un plus grand caractère de malignité que ceux produits par le virus varioleux.

Sur les Moutons, la Vaccine semble perdre presque entièrement l'énergie qu'elle montre sur l'espèce humaine, et il faudrait, au contraire, qu'elle quadruplât son effet.

Doit-on être étonné, d'après ces considérations, du peu d'avantage que nous avons retiré de la vaccination, en cherchant à l'opposer à la Clavelée? Et quoique notre attente à cet égard n'ait pas été remplie, tant de soins, tant d'expériences, n'ont pas été jus-

---

(1) La Commision en a eu deux exemples frappans sous les yeux; deux de ces Bêtes furent mordues par le chien du Berger, aux cuisses; en vingt-quatre heures la gangrene s'empara des plaies et enleva ces Animaux.

qu'à présent sans fruit, puisqu'ils nous ont conduit à des résultats concluans qui étaient le principal objet de nos recherches, et qui sont toujours bien préférables aux illusions produites par des conjectures incertaines.

En attendant que l'on parvienne, si la chose est possible, à trouver le moyen de donner à la Vaccine, sur les Moutons, le degré d'énergie nécessaire pour qu'elle soit le préservatif de la Clavelée, comme il est généralement reconnu qu'elle l'est de la Petite Vérole, on ne peut que recommander aux Propriétaires de Troupeaux de Bêtes à laine de mettre la clavelisation ou inoculation du Claveau en pratique. Elle nous a paru être à la Clavelée, ce que l'inoculation variolique est à la petite Vérole.

Mais si nos travaux nous font présumer que la vaccination ne préserve pas les Moutons de la maladie la plus redoutable pour leur espèce, ils nous donnent aussi la certitude que l'inoculation du Claveau attenue cette maladie au point qu'il est peut-être possible de garantir un Troupeau entier de la perte d'un seul individu. Néantmoins, en indiquant ce moyen salutaire aux Propriétaires et aux

Cultivateurs qui voient dans leurs Bêtes à laine la source d'un produit annuel devenu si important pour nos manufactures, nous ne prétendons point le prescrire à ceux qui ne spéculent sur ces animaux que le résultat d'une croissance plus développée, et qui ne les destinent qu'à devenir la nourriture de l'homme. Il serait sans doute inutile de faire subir une maladie de plus aux Moutons auxquels l'intérêt n'accorde qu'une existence d'une si courté durée, qui ne les laisse, pour ainsi dire, venir à la vie que pour s'enrichir de leur mort. Si on se détermine à mettre la clavelisation en pratique, on reconnaîtra peut-être la nécessité de se conformer aux observations suivantes, qui sont le fruit de l'expérience que nous venons d'acquérir.

L'inoculation du Claveau, comme on l'a remarqué, a donné lieu à des suppurations putrides, à des escarres gangreneuses, dont la chûte a laissé des plaies étendues et profondes. Il faudra donc bien se garder d'inoculer sur le scrotum, sur et près les mammelons, sur le ventre et sur les muscles, les tendons, les aponévroses, qui ne sont point séparés de la peau par beaucoup de graisse et de tissu cellulaire. Il a paru que les parties les plus propres à cette opération sont aux défauts des épaules, en arrière du coude, et au-dessus des grassets.

Pour claveliser avec succès, il suffit de faire des piqûres superficielles, sans effusion de sang, entre l'épiderme et le derme, avec une lancette ou une aiguille plate chargée de matière claveleuse, et d'y déposer cette matière en petite quantité.

On a vu que quarante-cinq Bêtes à laine inoculées du Claveau, avaient été en même temps mêlées avec d'autres Bêtes infectées de cette contagion, sans que le produit de la clavelisation eût paru plus fort et plus malin que celui des Bêtes clavelisées qui ont été tenues séparées d'elles : cette observation importante par les conséquences avantageuses que l'on peut en tirer, annonce que l'infection claveleuse communiquée par inoculation, est beaucoup plus rapide et beaucoup plus généralement bénigne que celle communiquée par la voie naturelle de la cohabitation, puisque les effets de l'inoculation se manifestent dès le deuxième jour de l'insertion, tandis que ceux de la cohabitation n'ont commencé à se

développer qu'entre le quinzième et le tren-
tième jour.

On sait qu'en général, le Claveau naturel
qui s'empare d'un Troupeau, se montre d'une
nature assez bénigne au commencement et à
la fin, et qu'il exerce ordinairement ses ravages les plus funestes sur les Bêtes qui en
sont atteintes à la seconde reprise de la maladie, désignée par les Cultivateurs sous le nom
de *seconde lune*, ou *deuxième bouffée*. On
sera donc bien sûr, aussitôt que quelques
Bêtes d'un Troupeau paraîtront atteintes du
Claveau naturel, d'avoir le temps de garantir
les autres de ses ravages, en s'empressant de
les inoculer.

Le régime qui a réussi au Troupeau d'expériences pendant qu'il était exposé à toutes nos
tentatives, a consisté à le nourrir modérément,
indépendamment d'une pâture saine, avec de
la paille, et des regains de luzerne et de trèfle;
de donner pour boisson, aux Bêtes infectées,
de l'eau, dans laquelle on délayait quelques
poignées de farine et un peu de vinaigre; à
laisser la bergerie, qui était bien aérée, constamment ouverte, de manière que les Bêtes
malades et inoculées pussent se promener et

paître dans de vastes cours, ou rester, à leur choix, dans cette bergerie (1). Le vin miélé a été administré, avec succès, comme cordial aux Bêtes faibles et débiles.

Au lieu d'employer la cautérisation dans les cas de gangrène, on pense que l'on retirerait un grand avantage, pour arrêter les progrès de la pourriture, faciliter et hâter la chute des escarres, de l'usage d'une forte décoction de quinquina animée d'eau-de-vie camphrée (2), pour laver les plaies qui seraient ensuite saupoudrées, avec le mélange suivant.

Prenez : de quinquina en poudre, 16 grammes,
       de colophane en poudre, 8 grammes.
       de sel ammoniac en poudre,
          très-fine. . . . . 3 grammes.
Mêlez exactement.

Les Praticiens connaissent le parti avan-

---

(1) Il serait aussi important de faire dans les bergeries des fumigations avec le sel marin et l'acide sulphurique, ce qui aurait l'avantage de purifier l'air et de détruire les émanations infectes.

(2) Comme le bon quinquina devient rare et cher, il faut le réserver pour les hommes ; on peut y suppléer avec succès par la poudre des fleurs de camomille et la crême de tartre, bouillies dans de l'eau, avec l'addition du sel sédatif. Le savant professeur *Chaussier* a obtenu des succès en employant ses moyens dans des cas analogues.

tageux que l'on retire encore, dans les pan-
semens des plaies gangreneuses et putrides,
des décoctions aromatiques fortement vi-
naigrées ; des jus de citron, d'oseille, de ver-
jus, exprimés dans les plaies, ou de toute
autre espèce d'acide végétal.

Quand on considère 1.º que les Bêtes d'un
Troupeau. infecté naturellement de la Clavelée, sont successivement malades pendant
quatre mois au moins (1), et qu'il en périt
quelquefois la moitié (2) ; tandis qu'en vingt-
cinq ou trente jours, au moyen de l'inoculation claveleuse, un Troupeau peut être
débarrassé et mis à l'abri pour toujours de
la plus hideuse comme de la plus fétide
et la plus meurtrière des maladies des Bêtes
à laine ; que sur cent on court peut-être le
risque d'en perdre une par la clavelisation :
2.º Que cette opération faite par un Vétéri-

---

(1) Dans l'instruction de *Gilbert*, sur le Claveau, il dit
que lorsque le Troupeau est mêlé de différentes races, le
Claveau y dure quelquefois six mois.

(2) Le sieur *Galle*, fermier à Gambais, père de seize enfans vivans, nous a dit en nous amenant deux Moutons infectés de son Troupeau, que sur quatre cents Bêtes dont il
était composé, il en avait perdu la moitié.

naire habile, et suivie de trois ou quatre visites dans le cours du développement de l'inoculation, peuvent suffire pour le bien diriger; Pourra-t-on mettre en balance un procédé aussi simple qu'économique, avec l'anxiété, l'infection et la perte immense auxquelles les propriétaires de Troupeaux s'exposent en attendant tranquillement les ravages du Claveau naturel et épizootique?

Tels sont, Messieurs, les résultats que votre Commission avait à vous présenter. Quels qu'aient été les soins et les attentions donnés aux expériences qui les ont amenés, elle ne prétend pas les proclamer comme absolument décisifs. Sur une matière encore si nouvelle, on ne peut se flatter sans doute d'avoir tout observé. Nous serons d'autant plus réservés à prononcer définitivement, que le Comité central de Vaccine, établi près le Ministère de l'intérieur, composé d'Hommes non moins zélés pour les progrès de la Science, que recommandables par leurs lumières, s'occupe aussi de la vaccination des Moutons; les résultats qu'il a déjà obtenus, ceux qu'il pourra obtenir encore, tant de ses propres recherches que de sa vaste correspondance, doivent nécessairement le conduire à décider en dernier ressort les importantes questions qui nous ont occupé. Il suffira sans doute à la Société des points que ses Commissaires ont éclaircis, des vérités qu'ils ont constatées, pour qu'elle n'ait jamais à regretter ses efforts et ses sacrifices.

Signé DE CUBIÈRES l'aîné, *Président de la Commission;* DECAUVILLE, DUCHESNE, VALOIS, LABBÉ, RICHAUD, *Membres;* BRIÈRE et GOULARD, *Adjoints;* CARON, *Secrétaire;* VOISIN, *Rapporteur.*

Extrait du Registre des Délibérations de la Société.

Séance du 25 Fructidor an 13.

La Société après avoir entendu le Rapport des Expériences sur la *Vaccination* et la *Clavelisation des Bêtes à laine*, en a témoigné sa satisfaction à sa Commission spéciale et au Rapporteur, et a arrêté qu'il sera imprimé et publié, adressé au Ministre de l'Intérieur, au Préfet de ce Département, et distribué tant aux Membres et Associés qu'aux Sociétés savantes avec lesquelles celle de Seine et Oise est en correspondance.

Pour extrait conforme.
BRIÈRE, *Président.*
CARON, *Secrétaire.*

LISTE

DES PROPRIÉTAIRES

ET CULTIVATEURS

Qui ont contribué aux Expériences, en fournissant un contingent de Moutons.

MM.

ANDRIEU, *Propriétaire à Chetainville.*

BARY, *Cultivateur à Orsonville.*

BAULT, *Propriétaire à Versailles.*

BOURGEOIS, *Cultivateur à Orsonville.*

BOURGEOIS, *Econome de l'Etablissement rural et impérial de Rambouillet.*

CARUETTE, *Propriétaire, Maire de Saint-Nom.*

DAILLY [Gaspard], *Propriétaire à Trappes.*

DECAUVILLE, *Propriétaire à Lamartinière.*

DE LUYNES, *Sénateur.*

FRANCASTEL, *chargé par le Gouvernement de l'importation des Moutons espagnols en France.*

GALLES, *Cultivateur à Gambais.*

GRANDMAISON et DUMONT, *Propriétaires à Epluches.*

GRESLAND, *Cultivateur, commune de Boinville-le-Gaillard.*

GRESLAND [Jean], *Cultivateur, commune d'Aunay-sous-Auneau, dé*partement d'Eure et Loir.

GUILLEMARD, *Cultivateur aux Breviaires.*

JOBART, *à Saint-Cyr.*

JOUVENCEL, *Propriétaire à Versailles.*

LAMBERT, *Cultivateur à Guerville, près Ablis.*

LANDRIN, *à Buc.*

LEHERCHE, *Propriétaire de l'arrondissem. de Pontoise.*

LE ROUX, *Cultivateur à la Ménagerie.*

MALUS, *Maître de Poste, à Sèvres.*

MAROLE, *Maire de Toussus.*

NOTA, *Propriétaire à Montigny.*

PERON, *Propriétaire à Crespières.*

PETIT, *Maire de Savigny-sur-Orge.*

PICHARD, *Cultivateur aux Breviaires.*

PLUCHET fils, *Propriétaire à Satory.*

RABOURDIN, *Propriétaire à Villacouplay.*

RABOURDIN, *Cultivateur, commune de la Chapelle-d'Olinville, dé*partement d'Eure et Loir.

RENAULT, *Cultivateur à Velisy.*

RONCELET, *Cultivateur à Favreuse.*

TESSIER, *Membre de l'Institut, demeurant à Paris.*

THIROUIN, *Cultivateur à Orsonville.*

WIDMER, *Directeur de la Manufacture de Jouy.*

(99)

Mme veuve THIROUIN, *d'Ablis.*

Mme MONTLEVAUX, *de Chatou.*

Mme veuve PLUCHET , *Propriétaire à Trappes.*

Melle BELLANGER , *de Versailles.*

Certifié conforme aux Registres de la Société,

BRIÈRE, *Président.*

CARON , *Secrétaire.*

PRINCIPALES FAUTES A CORRIGER.

Page 4, ligne 23 ; *lisez :* a toujours sû, etc.

Pag. 25 , lig. 14 et 15 ; *au lieu de ces mots :* pourraient peut-être dissiper , etc. , *lisez :* pourraient peut-être contribuer à dissiper , etc.

Pag. 30, ligne 4 ; *au lieu de* et devenait des moyens, etc., *lisez :* et produisait autant de moyens.

Pag. 36, lig. 8 ; *au lieu de* n.º 28 , *lisez :* n.º 82.

Pag. 38, lig. 21 ; *au lieu de* sans danger pour eux , *lisez :* sans danger pour ceux-ci.

Pag. 41 , lig. 2 ; *au lieu de* ne permettent , *lisez :* ne permettraient, etc.

Pag. 43, à la note ; *au lieu de* Lettre à M. *Decarro,* *lisez :* Lettre de M. *Decarro.*